达夫 著

自定义人生
做自己的成功教练

中国华侨出版社
北京

图书在版编目（CIP）数据

自定义人生：做自己的成功教练/达夫著．——北京：中国华侨出版社，2021.1
ISBN 978-7-5113-8387-7

Ⅰ.①自… Ⅱ.①达… Ⅲ.①人生哲学-通俗读物 Ⅳ.① B821-49

中国版本图书馆 CIP 数据核字（2020）第 218575 号

自定义人生：做自己的成功教练

著　　者：达　夫
责任编辑：王　委
封面设计：韩立强
文字编辑：胡宝林
美术编辑：潘　松
经　　销：新华书店
开　　本：880mm×1230mm　1/32　印张：8　字数：170 千字
印　　刷：北京德富泰印务有限公司
版　　次：2021 年 1 月第 1 版　2021 年 1 月第 1 次印刷
书　　号：ISBN 978-7-5113-8387-7
定　　价：36.00 元

中国华侨出版社　北京市朝阳区西坝河东里 77 号楼底商 5 号　邮编：100028
法律顾问：陈鹰律师事务所
发 行 部：（010）58815874　传　　真：（010）58815857
网　　址：www.oveaschin.com　E-mail：oveaschin@sina.com

如果发现印装质量问题，影响阅读，请与印刷厂联系调换。

前言 PREFACE

你每天都很忙吗？你是不是觉得自己在忙碌中忽略了什么呢？难道你没有感觉到吗，为了工作，你是不是忽略了你的身体？为了满足他人的愿望，你是不是忽略了自己内心的渴求？你知道自己最想要的是什么吗？你是不是经常做一些自己并不想做但却不得不做的事？你为什么总也实现不了自己的梦想？要知道，你所忽略的就是人世间独一无二的自己。要想改变这种状况，你需要进行改变，重新定义自我。

重新定义自我意味着发现自我，坦诚地与自己交流，倾听自己内心的声音。从内心中微妙的、易被忽略的心声中探寻自己喜欢什么，厌恶什么；需要什么，不要什么；相信什么，忧虑什么；什么让你快乐，什么使你难过；如何看待事物，如何理解世界。重新定义自我是一种对自身的了解，是关注激情与忧虑、幻想与理想、需要与欲望的意识。

如果你已经意识到了这些方面，那么一切都还为时未晚，发现自我为重新定义自我提供了可能，而诚以待己便是它们之间永恒的桥梁。也许你已经习惯了对自己的忽略，但这种生活并不是你真正想要的，而且你完全有能力改变它。你可以从现在开始对自己重新重视起来，你必须确定你确实想达到成就自我这个目标。

世界顶尖潜能大师安东尼·罗宾曾经这样说："有什么样的目标，就有什么样的人生。"确实是这样。当你给自己定下目标之后，目标就会在两个方面起作用：它是你生活的方向，也是对你人生的鞭策。目标给了你一个看得着的射击靶。随着你努力实现这些目标，你自己就会产生成就感和幸福感，从而更加努力。

不管你现在的状况是什么样的，只要你想改变，本书就一定会对你有所帮助。它会帮助你重新认识自我，探寻你的真正需要；会帮助你探寻你内心的真实需求，并帮助你满足内心的需求；它会让你更加清楚自己的目标和理想，并教会你如何去实现自己的目标和理想；它会让你热爱自己，让你变得更自信；教会你怎样从生理和精神上让自己更健康；怎样挖掘自己的潜能，提高自己的竞争力；怎样塑造自己的人格魅力，扩大自己的影响力；怎样增强自己的适应能力，适应社会的生存法则；怎样建立良好的人际关系，达到合作双赢；怎样学会控制自己的情绪，保持平和的心境；怎样不断进行自我更新，努力达到更高境界。

本书提供了很多实用的方法和技巧，通过这些简便易行的方法和技巧，你可以认清自我，逐步改进，以达到自己理想的生活状态。只要你抽出一些时间进行书中的练习，你的生活就会变得不一样，你会明显地感觉到生活的变化，你会为这样的变化而欢欣鼓舞，一个自信且充满激情的你，必然会拥有更加美好的明天。

目录 CONTENTS

第一章
我们无法选择出生，但可以定义属于自己的人生

从重新探索自我开始 002
有效认识自我的工具——人生重心原则图表 005
完成你的人生重心原则图表 009
关注你的目标和成就 016
反思自我，获得新生 020
确立自己的价值观 024
通过训练成就自我 027

第二章
定位：你对自己的定位决定你的未来

积极主动，个人愿景原则 032
完成你的人生重心原则图表 035
寻找你的天赋 036

你的理想生活是什么样的 041
没有实现的梦想是什么 045
首先明确你的目标 048
激情有助于实现目标 051

第三章

意志力：创建持久行为习惯，成为你想成为的人

要事第一，自我管理原则 056
完成你的人生重心原则图表 059
询问自己为什么停滞不前 061
专注的力量 064
规划和利用自己的时间 067
有效使用积极肯定 070
适时进行自我激励 074
保持旺盛的斗志和决心 078

第四章

自信力：掌握面对未知的力量

自我信任，热爱自己的原则 082

完成你的人生重心原则图表 085
无条件地热爱你自己 086
关注自己的感受 090
倾听自己，接受自己 094
发掘心底的自信 097
学会对他人说"不"，对自己说"是" 099

第五章
自控力：主宰自我，拿回人生主导权

保持自我身心健康的原则 104
完成你的人生重心原则图表 107
面对压力该怎么办 108
回顾你的生活方式 112
别让自己太累 117
寻找你的平衡生活 121
别让生活混乱 124

第六章

学习力：成为一个有价值的知识变现者

开发潜能，提高竞争力的原则 130

完成你的人生重心原则图表 133

了解你的能力与智力 134

重视直觉的重要作用 139

练就敏锐的洞察力 143

提升自己的学习力 145

第七章

影响力：精进领导力，在组织中成就卓越

塑造自我，扩大影响力的原则 150

以终为始，自我领导的原则 153

完成你的人生重心原则图表 156

你对他人具有影响力吗 158

让你的人格更具魅力 161

美德是个人魅力的灵魂 167

感召力来自亲和力 171

第八章

适应力：让自己与世界的美好相遇

顺势而动，适应社会的生存法则 176

完成你的人生重心原则图表 179

增强你的适应力 180

同化外物和顺应环境 183

通过学习来增强适应力 187

学会正确面对挫折 191

适应成长，接受全新自我 194

第九章

交际力：打造属于自己的核心圈

双赢思维，人际关系的原则 200

完成你的人生重心原则图表 203

不可不知的波纹效应 204

人际交往的 6 种模式 208

做到利己且利人 211

做一个有意识的倾听者 214

成长力：撬动指数式成长，用自己的步伐丈量时代

磨炼自己，自我更新的原则 220

完成你的人生重心原则图表 223

适当做些运动 225

努力提高精神境界 229

强化自我教育 233

历练你的人际能力 237

帮助他人成长 240

第一章

我们无法选择出生，
但可以定义属于自己的人生

从重新探索自我开始

没有正常的生活,就没有真正卓越的人生。

——乔登

你了解自己吗?这个问题听起来似乎有些可笑,谁会连自己都不了解呢?但实际上,对自己缺乏了解的人并不少,很多人根本就不知道自己真正需要什么,在乎什么。当有人对他做出某种评价时,他甚至会怀疑被评价的那个人是不是自己。这样的人很可笑,也很可悲,因为他们从来就没有体会过幸福是什么滋味,更不懂得什么是快乐。

也许有些人并不同意这样的说法,他们自认为对自己有充分的了解,他们坚信自己一直努力追求的就是自己最想要的。如果你也是这么认为的,那么请先回答下面的几个问题,最后看看问题的答案,也许你会改变你的看法。

问自己下列问题:

当你和最好的朋友在一起时,会感到寂寞吗?

当你实现自己的目标时,会觉得高兴不起来吗?

当你接受鲜花与掌声时，会感到失落吗？

当别人羡慕你的幸福时，会感到很难过吗？

当你拥有足够多的物质财富时，会感到空虚吗？

你会做一些连自己都不能理解的事情吗？

别人对你的赞赏会让你感到不安吗？

如果你的回答都是肯定的或者大部分是肯定的，那就说明你根本就不了解你自己。如果只有一项或两项是肯定的，则说明你对自己还不够了解。如果全部都是否定的，那么恭喜你，你可以算是一个基本了解自己的人。如果这样的答案仍然不能让你信服，那么不妨对你的心理进行一下深入的剖析，帮助你了解自己内心的真实想法。

如果和最好的朋友在一起会感到寂寞，那说明你根本就没有把眼前的这个人当成最好的朋友。虽然你们在表面上可能非常要好，但实际上你并不信任他，而且你们的友情也是经不起考验的，一旦出现分歧，就很容易破裂。

如果你实现了自己的目标却并不觉得快乐，那就说明这个目标并不是你真正想要的；或者为了实现这个目标，你失去了对你而言更重要的东西。

当你接受鲜花和掌声时，你会感到失落，那就说明你已经厌倦了眼前的生活，不想再继续下去了。

当别人羡慕你的幸福时，如果你反倒会难过，那说明你的内心并没有感觉到幸福，表面的幸福都是装出来的。

当你拥有足够多的物质财富时，如果仍然会不时地感到空虚，那就说明物质生活并不是你真正追求、真正想要的，也许你更注重的是精神生活。

如果你会做一些连自己都不能理解的事情，那说明你受环境的影响太大，迷失了自己的本性。

如果你对别人的赞赏会感到不安，那说明你是受之有愧，其实你并不具备别人所说的优点。

也许上面的分析并不能完全符合你的心理，但至少可以说明你对目前的状况是不满意的，而你对自己也是缺乏了解的。

为什么我们会连自己都不了解呢？是什么蒙蔽了我们的双眼，让我们看不清真实的自我呢？答案是我们生活的环境。在人的一生中，要受到来自家庭、学校、工作环境、亲友、同事、宗教以及社会主流思想的影响，它们在不知不觉中制约着我们，左右着我们的思维。当父母要求你考上重点大学时，你就会为此而努力，即使你更想去工作，但你还是会把考大学作为你的目标。当社会上流行私家车时，你往往也会把拥有一辆漂亮的汽车当成梦想，尽管可能你自己根本就不会开，但你仍然会想买。

正因为我们每个人都会受到后天环境的影响，所以我们才会在成长的道路上迷失方向，得不到自己想要的生活。如果你不想继续迷茫下去，那就要重新探索自我。只有了解了自己的真正需要，才能向着自己真正的目标努力，过上自己理想中的幸福生活。所以说，重新探索自我是很重要的。

有效认识自我的工具——人生重心原则图表

身外之物和内在力量相比,便显得微不足道。

——霍姆斯

每个人的人生都是有重心的,即一定有一种事物是你最在乎的。也许你还没有意识到,但它确实是存在的。比如你可能更注重家庭,也可能更注重事业,还可能更注重健康,等等。总的来说,人生重心可以分为爱情、配偶、家庭、家居、健康、休闲、享乐、精神、友情、敌人、自我、事业、创造力、金钱和名利15种。如果你还不了解自己的人生重心,那么下面的表格也许会帮上你的忙。

人生重心原则图表

	1	2	3	4	5	6	7	8	9	10
爱情										
配偶										
家庭										
家居										
健康										

休闲									
享乐									
精神									
友情									
敌人									
自我									
事业									
创造力									
金钱									
名利									

如何填写这张表格呢？认真思考这15个部分，根据自己对生活中该部分的重视程度来给其打分。满分为10分。如果你对这个部分非常重视，就可以在10分所对应的空格里打上一个对号；如果觉得这个部分无关紧要，对自己没有任何意义，就可以在1分对应的空格里打上一个对号。当填完整张表格以后，对号所处的位置最靠后的那一个，就是你人生的重心，也就是你最在乎的事物。如果出现了两个对号都处在最后的情况，就可以对这两个部分进行比较，选出自己更在乎哪一个。比如说，事业和家庭的得分都是最高的，那么你就可以问自己这样的问题：如果家庭和事业你必须放弃一个，你会选择哪一个呢？显然，被保留下来的那一个就是你最在乎的。

了解自己对生活中各个方面的重视程度以后，我们再对自己目前的生活状况进行一次评估。保留上面的结果，重新绘制一张同样的表格，仍然是对这15个部分打分，只是打分的依据发生了变化。这次以自己对生活中各个部分的满意度为依据，非常满意的就在10分所对应的位置打一个对号，非常不满意就在1分所对应的位置打一个对号。第一次填写的表格让我们了解了自己内心的真正需求，而这次填写的表格则是对目前生活品质的衡量，具有更为重要的意义，因为只有找到生活中不尽如人意的地方，你才能着手去改变它们，提高自己的生活品质。

　　注意你填写的结果，将所有分数加在一起，如果总分数较低，那就说明你目前的生活品质比较低，还有待改进。而在表格中得分最低的几项，则是你应该首先去改变的。如果得分较低的几项正好是你比较看重的，那就更应该马上着手改变了。事实上，这种情况是经常发生的。因为重视程度较高，所以要求自然也就比较高；而对于自己不重视的东西，对它的要求也会比较低，所以尽管目前的状况可能并不理想，但也会让你感到满意。

　　每个人所在乎的东西都是不一样的，如果你想生活得更好，那就要尊重内心的真实想法，用自己的心来做评判，只有让你感到满意的生活才是最理想的生活，别人的看法并不重要。我们应该清楚，每个人的评判标准都是不同的，别人的标准不一定适合你，而你的标准也未必适合他们，所以只要自己真的开心，那就好好地享受生活吧！

通过填写人生重心原则图表，我们不但能够找到自己的生活重心，了解自己内心的真正需求，而且还可以让我们把注意力集中在那些可以改变我们生活的领域，提高自己的生活品质。通过填写多个图表，进行对比，你还会注意到生活所发生的变化，以及自己是否又向自己的目标迈进了一步。更重要的是，人生重心原则图表会把你引向更加美好的未来，让你获得理想的平衡生活，帮助你成就自我。

究竟什么样的人生重心原则图表才是最理想的呢？如果图表中各项的分数都较高，处在一种相对平衡的状态下，那么这样的图表就比较理想了，因为分数高说明你的满意度也比较高，如果你对生活中的各个方面都很满意，那就说明你过上了自己真正想要的生活。如果每一项的得分都是10分，那就说明你对目前的生活状况非常满意，这样的图表是最理想的，是我们每个人都应该努力达到的。

由此可见，理想图表的要素有两个：第一是平衡，第二是分数高。分数象征着我们对生活的满意度，自然是越高越好。而平衡则是理想生活的基础，因为我们的生活是由方方面面组成的，它们之间是有着内在联系的，如果一个方面过差，肯定会影响到其他的方面，这对提高人的生活品质是没有益处的。当然，要保证各个方面都十全十美是不太现实的，但至少不能相差太多。

图表中的哪一项让我们不满意，我们就应该努力去改变。当然，图表中的内容是比较灵活的，大家可以根据自己的实际情况进行增删。比如说,有些人对父母和孩子的满意度是不同的,这时就可以将家庭分为父母和孩子两项。

完成你的人生重心原则图表

昨天的思想造就了今天的你,而今天的思想又会塑造明天的你。
——帕斯卡

在填写人生重心原则图表的时候,一定要注意如实地填写,因为这样才能反映出真实的情况,才能真正对你有所帮助。但对于刚开始接触人生重心原则图表的人来说,要诚实地填写似乎有些困难,因为你可能根本就不知道该如何进行评判。不过即使出现这样的情况,也没有必要太过担心,随着你对本书的深入阅读,你的思路会逐渐被打开,你会更冷静地思考你自己和你的生活,这时你会发现填写图表其实是一件很简单而且很快乐的事。每一次填写图表,你都会发现自己的改变,这种改变的过程让人很享受。

对于第一次填写的人来说,常常不知道该如何入手,下面的建议可供参考,也许你会从中受到启发。当然,等你学会以自己的方式思考时，就可以完全摆脱这种模式了，但对于刚开始接触的人，还是有一定的参考价值的。

爱情重心原则

问自己下列问题：

现实中的爱情是自己心中所期望的吗？

自己的期望是否过高或者过低了呢？

你觉得自己值得被爱吗？

你觉得爱情可以天长地久吗？

你有过几次爱情经历？有刻骨铭心的吗？

你羡慕过其他人的爱情吗？

配偶重心原则

问自己下列问题：

你的配偶是你心目中的另一半吗？

你的父母喜欢你的配偶吗？

你和配偶的性生活和谐吗？

你们的共同话题多吗？

你们彼此依赖、彼此信任吗？

你们经常发生争吵吗？

你们能够同富贵、共患难吗？

你们经常鼓励、支持、理解对方吗？

你的配偶是你最爱的人吗？

家庭重心原则

问自己下列问题：

你的家庭关系和睦吗？

你的父母会尊重你的意见吗？

你喜欢与兄弟姐妹相聚的感觉吗？

你的子女体谅、孝顺你吗？

你会因为亲情的温暖而感动吗？

你常常忽略亲情的存在吗？

家居重心原则

问自己下列问题：

你对自己目前的居住环境感到满意吗？

你会因为回到家中而身心愉快吗？

你的居住环境有利于健康吗？

你的居住地安全吗？

你和邻居的关系融洽吗？

你是否有足够的私密空间？

健康重心原则

问自己下列问题：

你的饮食健康吗？

你的睡眠充足吗？

你有不良嗜好吗？

你有自己喜欢的运动吗？

你是否在坚持进行适度的运动？

你经常感到不适吗？

你定期做身体检查吗？

休闲重心原则

问自己下列问题：

你的睡眠环境让你感到舒适吗？

你每天都在承受压力吗？

你有固定的休假时间吗？

在休假的时候你能得到放松吗？

享乐重心原则

问自己下列问题：

你会特意安排时间去品尝美食吗？

你会到电影院去看电影吗？

你会到KTV尽情欢唱吗？

你会刻意去做一些事来让自己快乐吗？

精神重心原则

问自己下列问题：

你有宗教信仰吗？

你经常感到空虚和无聊吗？

你有坚定的信念吗？

你喜欢读书吗？

你有很多业余爱好吗？

你懂得感恩吗？

你觉得自己的人生有意义吗？

友情重心原则

问自己下列问题：

你喜欢结交新朋友吗？

你会对你的老朋友感到厌倦吗？

你的朋友值得信赖吗？

你和你的朋友亲密无间、无所不谈吗？

你的朋友背景各异，还是几乎是一类人？

你和你的朋友经常联系吗？

敌人重心原则

问自己下列问题：

你对很多人都有敌对心理吗？

你经常对某些人给予你的不公平待遇耿耿于怀吗？

你会诅咒那些伤害过你的人吗？

你会想尽一切办法打击你的敌人吗？

你会原谅和宽恕你的敌人吗？

你能和敌人化敌为友吗？

自我重心原则

问自己下列问题：

遇到事情你总是先考虑自己吗？

你会顾及其他人的感受吗？

你会为别人着想吗？

你会允许别人损害你的利益吗？

为了满足自己的私欲，你会牺牲他人的利益吗？

事业重心原则

问自己下列问题：

你正在从事你所热爱的职业吗？

工作能给你带来快乐吗？

你和同事的关系好吗？

你的领导赏识你吗？

你对自己的薪水满意吗？

你觉得自己能胜任现在的工作吗？

你是否认同公司的企业文化?

创造力重心原则

问自己下列问题:

你有创新意识吗?

你善于观察生活吗?

你能提出一些新的想法吗?

你会去参加那些开发创造力的课程吗?

金钱重心原则

问自己下列问题:

你的收入可以满足家庭的日常开销吗?

你有债务吗?

你有存款吗?

你能够理性消费吗?

你会和家人分享你的金钱吗?

你觉得你是个节俭的人吗?

你会去做慈善事业吗?

名利重心原则

问自己下列问题:

你的名声好吗?

你是否太过注意别人对你的评价？

你是一个利欲熏心的人吗？

当然，也许对于你而言，各个部分并不是意味着上面所说的那些事情，这就要求我们尊重内心的真实想法，找到自己的衡量标准，作出最能反映你内心真实情况的评判。当我们发现某一部分的得分比较低时，就要着手去改变，它可能就是你最想从生活中得到的，或者是最能让你快乐的事物。在改变的同时，你或许还会有意外的收获，比如说激发了你的潜能、了解了自己的独特之处、增强了自信等等。充分利用这个工具吧！它会在你的生活中发挥积极的作用，让你过上自己想要的生活，帮助你成就自我。

关注你的目标和成就

向着某一天终于要达到的那个终极目标迈步还不够，还要把每一步骤看成目标，使它作为步骤而起作用。

——歌德

想知道你的生活是怎样改变的吗？如果答案是肯定的，那就从现在开始关注你的目标和成就吧！我们有必要为自己设立目标，至少要每周设立一个独特的目标，这个目标应该是与你的生活目标密切相关的，但一定要易于管理，而且容易实现。当自己设立的目标实现时，每个人都或多或少地有一些成就感，这会增强你的自信心，让你更积极地为实现你的生活目标而努力。至于那些不易实现甚至根本就不可能实现的目标，则最好不要选择，以免让你失去对生活的信心。

不要忽视这些小目标，当你逐一实现它们的时候，你就会发现离自己的生活目标越来越近了。不管你前进的步伐有多小，但只要你在前进，就会越来越接近终点，你应该为自己的努力和所取得的成就而感到自豪。当你已经可以很出色地完成自己所设立的目标时，就可以适当地增加每周目标的总数目。但需要注意的是，在这些目标之中，至少有一个要与你的生活目标有关，其他的目标则可以是单纯娱乐放松的，或者也可以是一些更有挑战性的目标。你可以用一张表格来记录你的目标，它可以督促你实现它们。

表格的制作很简单，只要记录下实现目标的时间和具体的目标就可以了。另外，在备注一栏中，要如实填写完成目标的情况以及自己所取得的成就。

	与生活目标相关的目标	其他目标	备注
第一周			
第二周			

第三周			
第四周			
……			

　　在设立的目标之中,要以与生活目标密切相关的目标为主,其他目标为辅。也就是说,如果在这一周中发生了什么突发事件,使得目标没有办法按计划完成,那就要优先实现与生活目标相关的目标,其他的目标如果不能按时完成,可以顺延到下一周。如果与生活目标相关的目标也没有完成,则可以在下一周继续完成。如果发现自己设立的目标在一周的时间内很难完成,那可以将这个目标分割成几个更容易实现的小目标。不要对自己太过苛刻,多让自己享受成功的喜悦,这对于成就自我很有帮助。

　　当你发现自己所取得的成就越来越多时,就会开始注意到生活的改变。你应该为自己鼓掌喝彩,更应该为自己感到自豪!也许你会觉得这样的成就根本就不算什么,每个人都可以做得到,有什么值得高兴的呢?如果你存在这样的想法,那就赶紧抛弃它吧!它会毒害你的思想,让你否认自己的价值,甚至对生活失去信心,你应该清楚,你所取得的成就并不是所有人都能做到的,至少对于你来说,这样的成就具有独一无二的意义。

　　其实,从小到大,每个人都取得了无数的成就,只是很多人还没有意识到而已。如果你已经遗忘了这些成就,那就重新把它们拾起来吧!它们会增强你的自信心,让你更积极地生活。试着找到那些能够证明你曾经成功的物品或证书，比如演讲比赛时获得的钢笔、运动会时获得的金牌、登上山顶时的照片、学校颁发的三好学生证书等等。这些物品可以把曾经的辉煌重新带到你的眼前，让你重温当时的美好时光，让你更深刻地感受到自己的价值，对自己更有信心。

记录下自己所取得的成就

想想自己取得的成就，并将其写下来：

自己第一次尝试并取得成功的事情；

自己精通的一门技术；

解决了难倒很多人的难题；

登上领奖台接受颁奖；

在工作上取得的突破进展；

第一次实现自己的价值；

得到他人的信任；

…… ……

罗列出自己所取得的成就不仅对于增强自信心非常有效，而且还有助于找到我们每个人所拥有的优秀品质。当我们了解了这些可贵的品质以后，就可以在生活的各个方面将这些品质最大化，同时也可以使我们在某些方面大展才华。所以，我们必须对自己所取得的成就进行思考，思考要取得这样的成就需要具备什么品质，然后再拓展开来，思考这样的品质还可以应用在哪些方面。通过这样的思考，可以帮助我们取得更多、更大的成就，将自身的价值最大化。

比如说,当你第一次学会滑冰的时候,你会觉得自己取得了成就,而要取得这样的成就,需要的是坚定不移、永不放弃的品质。这样的品质还可以应用在生活中的哪些方面呢?如果你具备这样的品质,就可以克服一切困难,完成教练教给你的高难动作,完成老师布置的疑难问题,完成你开始动手写的书,完成你开始编写的程序等等。所以,在感受成就的同时,我们还应该学会思考潜藏的品质,这对于认识自我和成就自我都是非常有帮助的。

反思自我,获得新生

那些无法改变自己信念的人不可能改变任何事情。

——萧伯纳

我们总是习惯性地思考别人,但却很少有人会反思自我,想一想自己究竟出了什么问题。你觉得自己目前的状况不够理想吗?你觉得自己不够自信吗?如果你正处在这样的困惑中,那就赶快进行反思吧!在反思自我的过程中,你会逐渐发现阻碍你发展的毒瘤,这样你就可以想办法将其清除掉,让自己脱胎换骨,获得新生。

首先，想一想生活中让你感到不满意的地方，然后再想一想其中的原因，并将其填写在下面的表格里。

不满意的地方	原因
如：我的体育成绩很糟糕	如：我不喜欢体育
如：我的人缘很差	如：他们都不喜欢我
如：我的薪水很低	如：我没有能力做薪水更高的工作
如：我做的饭菜很难吃	如：我不擅长厨艺

看看这些莫明其妙的理由吧！"我不喜欢……""他们不喜欢……""我没有能力……""我不擅长……"等等，全部都是消极的短语。这些消极的短语充满了你的大脑，腐蚀了你的思想，自然就会限制你的行为，以至于将你的自信摧毁，阻碍你前进的脚步。所以说，让我们不能尽情享受生活的罪魁祸首就是这些消极的想法，我们也称其为"极限信念"。如果想改变现状，让自己生活得更好，那就必须摆脱这些极限信念的束缚。

摆脱极限信念的几种方法

摆脱极限信念的方法有以下几种：

发现你的极限信念；

放大极限信念带给你的痛苦，让自己意识到必须要改变现状；

想象自己摆脱极限信念以后的快乐生活，给自己足够的动力；

当极限信念产生时，尽量克制自己，让自己表现得若无其事，

就像自己从来都没有产生过极限信念一样,直到极限信念自动消失;

多用有益的心理暗示,树立坚定的信念,经常对自己说"我一定行"等积极的短语,并对此坚信不疑;

做一些你以前从未做过的事情,让自己有一些冒险精神,这会让你更有勇气去改变现状;

向自己的偶像学习,借鉴他们超越极限信念的方法;

经常与一些快乐、积极的人在一起,他们会让你变得更加积极,而消极的人只会增加你的极限信念;

当自己为摆脱极限信念而努力时,别忘了给自己一点掌声,因为这是你成就自我的重要一步。

在摆脱极限信念的过程中,树立新的信念并坚信自己可以实现是非常重要的。信念的力量是非常大的,消极的极限信念可以阻碍你的发展,破坏你的美好生活;而积极的信念则可以让你取得更多的成就,生活得更幸福,甚至创造出奇迹。被视为青春永驻的美国著名影星简·方达在回答《巴黎竞赛画报》记者的提问时,说了这样一段话:"我从内心里坚信,在生活中,如果你从精神上感到你很强健的话,那么你也会从体格上感到强健……这既是一种义务,也是一种需要。我感觉到我身上有一种给我力量和信念的潜能。"

红军的两万五千里长征,可以说是历史上的奇迹。红军战士们爬雪山、过草地,不仅饥寒交迫,而且还随时都要面对敌军的轰炸与围追堵截。在长征的路上，真是有说不尽的艰难险阻，随时随地都可能丢掉性命。可就是在这样的情况下，我们的红军战士并没有退缩，而是义无反顾地继续前行。因为他们都坚信，革命一定会成功，眼前的黑暗只是暂时的，黑暗过后必将会迎来更加灿烂的黎明。正是这种坚定的信念，让他们坚定不移地走了下去，即使在极端困苦的条件下，他们也从未想过要放弃。如果没有这样的信念，长征就不会成功，中国的革命也不会走向胜利。

当你已经习惯用积极的方式思考问题的时候，你会惊讶于自己的改变，你变得更积极、更自信、更热爱生活，在积极的信念中获得新生。同时，在超越了极限信念以后，你还会发现自己的很多潜能，这些潜能是你以前从来都不知道的，或者说是你一直都在否定的。比如说，某人觉得自己不喜欢体育，于是就拒绝一切体育运动，可是后来在摆脱极限信念以后，他试着去进行一些体育运动，可能会发现自己的协调能力很强，可以把羽毛球打得很好，甚至还可能赢得很多比赛。

需要注意的是，我们摆脱极限信念的目的，是不想让你否定自己的全部潜能，并不是让你改变关于自己的一切。有些极限信念是你不愿改变的，因为你认为它们很适合你，这并不能说是完全错误的。在这种情况下，你需要有自己的主见，决定哪些极限信念需要保留，而哪些极限信念需要舍弃。如果现有的极限信念让你感到很快乐，那你就没有必要放弃它们。你可以考虑现有的极限信念带给了你什么,以及新的信念会带给你什么,找到你想改变和不想改变的原因,再综合考虑现实情况,权衡之下再作出选择。

确立自己的价值观

借助我们永恒的价值,我驾驭了我的航程。

——比尔·克林顿

什么是价值观呢?价值观就是一个人对周围的客观事物的意义及重要性的总评价和总看法,它可以从人们的行为取向和对事物的评价、看法中反映出来。也许你并不确定自己的价值观,但实际上,它已经在你的生活中表现出来,并已经控制了你的生活,只是你还没有意识到而已。为了成就自我,我们有必要确立自己的价值观,因为在深入了解自己的价值观以后,你会更加清楚自己究竟想要什么、不想要什么,这会使你在面对选择的时候轻松得多,更容易作出正确的选择。

如果你还搞不清自己的价值观,那么下面的问题也许会对你有所帮助。注意,在回答这些问题的时候,要尽量尊重自己内心的真实想法,凭直觉来填写,尽快将答案写出来。对自己诚实一些,这会更有利于确立你的价值观。

问自己下列问题:

生活中有哪些人让你觉得十分讨厌?

你仰慕的对象有哪些优秀的品质?

你最不能忍受家人的哪些坏习惯?

什么样的事最能打动你?

当别人对你表示赞赏时,你会怎样做?

你会怎样对待那些坏人?

你对你的生活有什么样的安排?

你以什么样的方式与人交往?

你怎样开展你的工作?

在你如实地回答完这些问题以后,你的价值观基本就已经反映出来了。比如说,如果你最讨厌的是虚伪的人,那就说明诚实可能是你的价值观之一;如果你最仰慕的是一个幽默风趣的人,那么幽默就可能是你的价值观之一;如果你最不能忍受家人到处乱扔脏物的习惯,那么清洁就可能是你的价值观之一;如果你经常被那些见义勇为的人或事打动,那么勇敢就可能是你的价值观之一;如果你的生活很有规律,那么秩序就可能是你的价值观之一;如果你总是很自觉地进行工作,那么自制就可能是你的价值观之一;当别人对你表示赞赏时,如果你理所当然地接受,那说明自信可能是你的价值观之一;如果你虚心地表示自己还有很多不足,那说明谦虚可能是你的价值观之一;如果你觉得别人是在奉承你,那么多疑就可能是你的价值观之一;如果你对待坏人的方式是说服教育,那么宽容就可能是你的价值观之一;如果你更希望坏人受到惩罚,那么疾恶如仇就可能是你的价值观之一;在与人交往的过程中,如果你很乐于充当给予者,无论是金钱、时间还是精力,那么慷慨就可能是你的价值观之一;如果你很少要求或期望别人的帮助,那么独立就可能是你的价值观之一。

现在,你是不是对自己的价值观已经有了一定的了解了呢?你可能觉得上面的问题还不能把你的价值观完全反映出来,那下面的表格也许会更全面一些。

认真思考下面的价值观,看看哪些价值观是属于你的,在所有属于你的价值观的后面空格里打上一个对号。

宽容		慷慨		节俭		自制	
正直		可靠		信任		秩序	
善良		自私		胆小		清洁	
勇敢		独立		虚伪		忠诚	
果断		开明		创新		勤勉	
镇定		积极		嫉恶如仇		多疑	
机智		坚忍		幽默		敏感	
坦率		活力		诚实		稳重	
……							

结合表格中的内容以及你所补充的内容,你的价值观就可以

基本完整地呈现出来了。在了解了自己的价值观以后，你就会发现你所做的每一个决定都要受到价值观的影响，而对于违背价值观的事情，你大多都不会去做。了解了这些，你以后再做决定的时候就会轻松很多了，凭着自己的价值观，就可以在很多问题上轻松作出选择。此外，价值观也会让我们更加了解自己的特征，这对于正确地选择职业也是非常重要的。

通过训练成就自我

大多数人想改造这个世界，但却很少有人想改造自己。

——托尔斯泰

成就自我是每个人的梦想，为了实现这个梦想，相信你会愿意做出一些改变。如果你还不知道如何改变，那么本书介绍的一些训练方法可能会帮上你的忙。当你掌握了这些训练方法以后，你就可以成为自己的成功教练，掌控自己的生活，提高生活的品质。当然，如果你愿意，你还可以帮助他人成就自我，这会让你更有成就感，也让你的人生更有意义。

也许你会存在这样的怀疑，通过训练真的可以成就自我吗？

那就亲自尝试一下吧！如果没有亲身体验过，你永远也不会知道自己的感受，这与小马过河的道理是一样的。成就自我的训练并不复杂，也不会占用你太多的时间，哪怕你每天只抽出10分钟来训练，也会让你有意想不到的收获。

当你进行成就自我训练一段时间以后，再加上定期填写人生重心原则图表，你会明显感受到自己的生活所发生的变化。这听起来似乎有些不可思议，但事实上，你完全可以做到。在训练的过程中，你思考问题的方式以及对自己和其他事物的看法都发生了改变，所以你的生活也在不知不觉中有了变化。当你感受到生活中这些实实在在的变化时，你会更有动力去进行下面的训练，并养成一种习惯，这对于最终的成就自我是非常有帮助的。

进行成就自我训练可能发生的改变

可能发生的改变有以下几项：

你觉得自己每天精力充沛，干劲儿十足；

你觉得自己变得更有信心；

你感到比以前更快乐；

你变得越来越喜欢自己；

你变得越来越热爱生活；

你对未来充满了希望；

你很清楚自己真正需要什么。

也许要改变自己的生活并不那么容易，它可能需要一定的时间，但只要你有决心去改变，就一定可以让你的生活发生变化。只要你有改变的愿望，那就会有希望。可怕的是，有些人根本就意识不到自己的生活需要改变。他们整天垂头丧气，明知道自己生活得并不好，但却从没想过要改变现状。如果生命的意义只是每天漫无目的地活着，那就太可悲了。

生活本来就是一个五味瓶，酸、甜、苦、辣、咸，什么滋味都有。任何人的人生都不可能是一帆风顺的，总会碰到一些问题。问题本身并不可怕，可怕的是有些人对待问题的态度。如果碰到了问题只是一味地自怨自艾，那么这样的人就永远也不可能享受到生活带给他的快乐，当然也更不可能成就自我。当问题发生时，我们要做的就是思考问题，找到解决问题的方法，摆脱目前的困境。也就是说，我们必须要有改变的意识。

当然，要成就自我，光有改变的意识是远远不够的，还要有改变的毅力和决心。改变生活本身就是一种挑战，如果你已经有了改变的意识，那就说明你已经迈出了第一步。但接下来的过程可能并不是一帆风顺的，它需要用你的毅力和决心来做支撑。要想通过训练来成就自我，就必须持之以恒，最好将其养成一种习惯。当你能够熟练地运用这些方法并可以提出自己的意见时，那么恭喜你，你离成功的路已经没有多远了！

需要注意的是，在进行成就自我的训练时，一定要对各种训练方法进行揣摩，也许你会找到更适合自己的训练方法。我们应该清楚，所有的方法都应该灵活运用，生搬硬套是不会取得理想的效果的。这个世界上并不存在真正的万能方法，所以不管应用何种方法，都应该结合自己的实际情况，这样才能取得最理想的训练成果。

第二章

定位：
你对自己的定位决定你的未来

积极主动，个人愿景原则

> 最令人鼓舞的事实，莫过于人类确实能主动努力以提升生命价值。
>
> ——梭罗

人的本质是主动而非被动的，只是在很多时候，我们将自己积极主动的天性埋没了。在面对困难的时候，大多数人都会抱怨上天的不公，为什么总是给自己制造麻烦，而真正能够采取主动去解决问题的人却屈指可数。其实，你完全可以选择摆脱困境，但是你自己放弃了摆脱困境的机会。所以说，你的悲剧是自己造成的，是你默许了那些不幸的遭遇发生在自己的身上。

相反，那些积极主动的人则会马上采取解决问题的办法，主动出击，尽自己最大的努力去摆脱困境，他们不会允许自己陷入更深的困境之中。比如，当你丢掉工作的时候，你应该找到让自己失业的原因，并继续寻找新的工作，而不是慨叹自己的命运不济和怀才不遇。积极主动是追求圆满人生的首要原则，无论是身处逆境还是身处顺境，都要坚持积极主动的原则，为自己创造有利的环境。你是一个积极主动的人还是一个消极被动的人呢？回答下面的问题，它会帮你找到答案。

问自己下列问题：

你觉得自己总是被很多无聊的问题所困扰吗？

你常常会抱怨自己受到了不公平的待遇吗？

当你的生活出现问题时，你会觉得这根本就不是你的错吗？

你经常觉得自己对某些事情无能为力吗？

你总是被迫去做某些你不愿意去做的事吗？

当你的想法被别人否定时，你会觉得他很没有眼光吗？

当你想换工作时，你会苦于没有合适的机会吗？

如果你的答案都是肯定的或者大多都是肯定的，那么很遗憾，你现在还不是一个积极主动的人。发现问题是解决问题的第一步，我们应该为此感到高兴，因为我们又找到了一个可以提高自己生活品质的有效途径。通过训练，你完全可以成为一个积极主动的人。事实上，这也并非难事，只要你有决心去改变。

要让自己变得积极主动，首先要转变自己的想法。消极被动的人有两个明显的特点，一是自暴自弃，二是怨天尤人。当别人说他的某个方面需要改进时，他最可能说："我就是这样一个人。"仿佛这辈子就注定改不了了。而当他的生活出现问题时，他会找一大堆借口为自己开脱，或者抱怨别人不够配合，或者强调时间太短，或者说是天气恶劣。总之，他绝不会把责任揽到自己身上，反思一下是不是自己出了什么问题，而总是将责任推到其他人或客观事物上。要摆脱这样的习惯,我们可以在这样的想法出现时用另一种积极的想法去替换它。填写下面的表格,记录你的转变过程。

时间	消极被动的想法	积极主动的想法

当你的脑海中出现消极被动的想法时,将其马上记录下来,然后转换成积极主动的想法,并按照积极主动的想法去做。比如说,当你抱怨别人不欣赏你的时候,你就要告诉自己:我可以用另一种方式让他们欣赏我。久而久之,你会发现自己的想法发生了转变,不再为自己找借口,而是去想自己可以做些什么。你还会发现自己出现消极被动想法的时间间隔越来越长,甚至消极被动想法完全消失。相信我们的意志力吧!它完全可以战胜这些消极被动的想法,让你变成一个积极主动的人。

关注你的影响圈

所谓影响圈,指的就是所有我们能对其产生影响的事物的集合。我们每个人的能力都是有限的,不可能掌控所有的事情,对于某些事情,我们确实是无能为力的。把时间和精力浪费在这些我们无法掌控的事情上,显然会徒劳无功。所以,多关注你的影响圈,把时间和精力放在自己力所能及的事情上,这样你才有主动权,才能有所作为。随着自身能力的增强,你的影响圈也会随之扩大,这会让你变得更加积极主动。

当碰到问题时,我们要多想想自己可以做些什么更有效的事情,而不是硬着头皮去做那些自己根本就左右不了的事情。比如说,当你被一条蛇咬伤的时候,你首先应该做的就是处理你的伤口,防止蛇毒蔓延,而不是去追赶那条咬伤你的毒蛇。凡事总有轻重缓急,把注意力全部集中在左右不了的事情上,只会让自己陷入被动,只有把精力集中在自己能有所作为的事情上,才会让自己占据主动,这才是积极主动原则的真正含义。

完成你的人生重心原则图表

将你目前的状况记录下来,记得要诚实地给自己打分,这将有助于你及时发现生活中的细微变化。将这张图表与你第一次填写的图表进行对比,看看你的生活是否已经在发生变化了。

	1	2	3	4	5	6	7	8	9	10
爱情										
配偶										
家庭										
家居										

健康									
休闲									
享乐									
精神									
友情									
敌人									
自我									
事业									
创造力									
金钱									
名利									

寻找你的天赋

运用你所掌握的天赋吧；如果只有唱得最好的鸟儿才去歌唱，树林将变得死一般沉寂。

——亨利·凡·戴克

天赋，指的是人在成长前就已经具备的本领，是与生俱来的。

在从事相关领域的工作时，你会发现，在有同样的经验甚至没有经验的情况下，自己会以更快的速度成长起来，这就是天赋的表现。比如说，一个具有音乐天赋的人，学习五线谱的速度要比其他人快得多；一个具有艺术天赋的人，在很短的时间内就可以创作出一个伟大的作品等。

很多人都认为天赋就是自己最擅长做的事，然而事实并非完全如此。当你长期从事某项工作的时候，做起来就会比较熟练，这样的工作自然是你所擅长的，但它却只是你的技能，而并非天赋。如果同样的工作，你比其他同时学习的人做得都好，甚至比以前的老员工做得都好，这就可以称为天赋了。每个人都是具有天赋的，如果能发现自己的天赋并发展下去，你所取得的成绩就会更多。所以说，天赋可以指引你走向更美好的未来，帮助你成就自我。

然而让人感到遗憾的是，大多数人都弄不清自己的天赋，甚至有人认为自己根本就没有天赋。其实，你并不是没有天赋，只是还没有发现罢了。如果你不知道自己有何天赋，那么不妨去问问你的父母和朋友，听听他们对你的评价，也许你会从中找到答案；或者你也可以回忆过去的点点滴滴，那些让你怦然心动的瞬间、突如其来的想法、出乎意料的成功等，也许其中就隐藏着你潜在的天赋。

记录下生活中的心动瞬间

记录的具体内容有：

时间和地点；

当时产生了怎样的想法？（及时记录下来）

是在什么情况下产生的？

自己的想法有可能实现吗？

这个想法会得到其他人的认可吗？

自己是否具有这方面的天赋呢？（如不确定，可询问身边的人）

比如说，当你正在看一幅画的时候，忽然冒出了这样的想法：我也许可以把房间设计成那个样子的。如果产生了这样的想法，就要马上把它记录下来，并试着把自己设想中的房间画出来，拿给其他人看。如果你的设计很有创意，且易于实现，能够得到大多数人的认可，那就说明你可能具有创造性的设计天赋。如果能从事创造性的工作，取得成就的可能性就会大大增加。

我们每个人的天赋和表现方式都是独一无二的，它只存在于你的经历中，所以，记录下那些值得记忆的瞬间，这对于发现你的天赋是非常有帮助的。有些人可能正在从事自己所喜爱的工作，他们认为已经找到了自己的天赋。但实际上，他们还有一些天赋是没有被发现的。所以，不要以任何理由不做记录。

除了上面的方法，你还可以根据自己所喜欢的事物来找到自己的天赋。现在就请回想一下，从你出生开始，一直到现在所喜欢的事物，可分为几个阶段来回想。第一个阶段是从出生到上学之前，第二个阶段是小学，第三个阶段是中学，第四个阶段是大学，第五个阶段是工作以后。如果对上学前的事情已经记不清了，那么就去问问你的爸爸妈妈，他们一定知道。在找到答案之后，将它们填写到下面的表格中：

年龄段	自己所喜欢的事物	最喜欢的一样事物
入学之前		
小学		
中学		
大学		
工作以后		

填写这样的表格，可以帮助你找到自己的天赋。一般来说，一个人所喜爱的事物都会与他的天赋有一定的联系。比如说，北宋年间的方仲永，在5岁的时候就对笔和纸表现出了极大的兴趣，当父亲为其取来纸笔的时候，他随即写了一首诗，并署上了自己的名字，其文采也被当地的文士所认可。这个神童虽然到最后并没有取得应有的成就，但那是因为忽视了后天的教育，埋没了自身的天赋所造成的。不过他的故事却给了我们一定的启发，指引我们可以利用自己所喜爱的事物来寻找天赋。

喜欢动物就一定要当兽医吗

如果你非常喜欢动物，那么这是不是意味着你的理想职业就是兽医呢？并不是这样的。喜欢动物说明你更容易与动物接近，可以把动物照顾得更好，你可以从事与动物相关的任何职业，比如说在马戏团做驯兽师、在动物园做饲养员、在电视台做动物节目或者在动物保护协会工作等等。如果你现在已经有了固定的职业,那么不妨在家中饲养一只宠物,这也可以让你的天赋得到发挥。

在填写过表格以后,你可能会发现自己所喜爱的事物不止一种,而且自己在不同年龄段所喜爱的事物也会有所差别,这是不是就无法找到自己的天赋了呢?恰恰相反,这样的结果是再正常不过的了,怎么可能有人只喜欢一种事物呢?事实上,人的天赋本来就是多样性的,你可能在多个方面都具有天赋,而且它们之间是毫不矛盾的。比如说,你可以在喜欢音乐的同时又喜欢游泳,这说明你除了具有音乐天赋以外,还具有运动天赋,而这二者之间是并不矛盾的。但如果你更喜欢音乐,那就说明你的音乐天赋更高一些。

所以说,在你填写的最喜爱的事物那一栏,所表现出来的天赋是最高的,如果从事这方面的工作,就会特别容易取得成就。至于其他的天赋,也不要抛弃,尽管不能做这方面的工作,但也可以多做与其相关的事情,以免埋没了自己的天赋,同时也可以让自己更有成就感。

当然,在不同的年龄段,最喜爱的事物也可能是不同的,这是因为随着年龄的增长,所接触到的事物越来越复杂,以前没有表现出来的天赋也有了表现的机会。所以即使有了这样的结果也不用担心,因为所有的天赋都是与生俱来的,只是表现出来的时间不同罢了。当然，在寻找天赋的时候，我们可以采用多种方法来释放埋藏于心底的激情，因为多种答案权衡下的结果往往会更准确。

你的理想生活是什么样的

满意之泉必须源自内心。若不了解人性，而企求不改变自我就可以找到幸福的人，终其一生必定虚掷于无意义的追求之中，其企图摆脱的痛苦会日益增长。

——约翰逊

你的理想生活是什么样的？这个问题只有你自己才能给出真正的答案。如果你希望过上自己心目中的理想生活，那就先把它描述出来吧！充分发挥你丰富的想象力，描绘出未来的美好蓝图，越具体越好，最好能有具体的场景和事物。你描述的理想生活越具体，实现起来就越容易。当这幅完美的理想生活图像在你的脑海中清晰浮现时，那将是你最幸福的时候，也是你最有勇气和动力去创造理想生活的时候。如果你感到毫无头绪，那么下面的表格将会指引你完成这幅理想生活的图画。

你的理想生活也许是这样的

你和爱人在海边漫步；

你的孩子告诉你他考上了重点大学；

你在自己创办的公司里给下面的员工开会；

你出版了自己的著作；

你和家人一起去旅游；

你和家人共进早餐；

你和朋友在一起畅谈人生；

你登上了珠穆朗玛峰；

你和爸爸一起下棋；

在庆功晚宴上，你成为了众人瞩目的焦点，你的笑容让所有人倾倒；

你和妈妈一起做饭；

你的花园里开满了鲜花；

你开着自己的汽车在马路上兜风；

你住上了豪华的别墅；

……

上面所说的是几种场景，你可以在此基础上展开，将动态的画面想象出来。比如说，你现在还是个打工者，每天住在租来的房子里，你最大的愿望就是拥有一套属于自己的住宅。那么，你的理想生活图景一定是与房子有关的。在未来的日子里，你努力工作，有了一定的积蓄，于是你购买了一套属于自己的住宅，不仅自己住了进去，也把老家的爸爸妈妈都接过来，让他们过上了幸福的晚年生活。你可以想象你们一家人在一起的快乐场景，这会增加你的动力，让你更加努力地工作。

此外，你也可以首先确定一个主题，再由此展开联想。以"健康长寿、生活幸福"为例。幻想你老年时的样子：你的头发依旧浓密，牙齿依然坚固，在你的脸上随时可以见到幸福的笑容；虽然年逾花甲，可是风采依旧，你仍然是朋友中的焦点，仍然才气纵横，光芒四射；夕阳西下，你牵着老伴的手漫步在金色的沙滩上，吹着徐徐的海风，一边欣赏身边的美景，一边回忆美好的初恋时光；逢年过节，一家人欢聚一堂，儿孙绕膝，欢声笑语，其乐融融；茶余饭后，与三五好友在一起品茶下棋，畅谈人生得失，好一派惬意的景象。你还可以进行更多、更详细的细节幻想，如当时的心情、表情以及语言等。

当你了解了自己理想中的生活是什么样以后，就会更加明确自己的生活目标，并为实现自己的生活目标而不断努力。你的理想生活要靠自己来创造，而要创造未来的理想生活，首先就要尽可能地完善自己当前的生活。未来的理想生活不可能马上就实现，但现在的生活却可以刹那间改变。所以，从现在起就为自己做点儿什么吧！只要是能让自己感到快乐的，或者是与未来的理想生活有关的，都要把它们提上日程，逐一去实现它们。

你现在可能需要做这些事

你现在可能需要做的事情有：

跟那些让你感到愉快的人聊天；

做自己喜欢的运动；

参加能让自己放松的活动；

做那些能让自己感到是一种享受的事情；

做那些让自己开心的事；

做一些丰富精神世界的事情；

做一些与自己的爱好有关的事情。

　　当你找到答案以后，那就赶紧开始行动吧！不要说你根本就没有时间做这些事情，时间都是挤出来的，更何况你的时间也根本不可能被安排得满满的。不要觉得这些事情对你而言并没有什么实质性的意义，它们会让你感受到快乐，会让你发现生活的美，会让你感到生活更有动力。而且你应该知道，你现在所做的事情都是与你的理想生活有关的，向着你所设想的理想生活的方向努力，这应该是一件最快乐的事。赶快行动起来，你会发现生活的改变，并会为这样的改变而欣喜。

　　最后，别忘了记录下你的快乐日记。将每一天你觉得快乐的事情都记录下来，当然，也要将让你感到不快乐的事情记录下来。这些让你感到不快乐的事情就是你对生活不满意的地方，记录下这些，你会有意识地去改变它们，这无疑对提高你的生活品质是非常有帮助的。记住，每天都要做这样的记录，这样你才能留住身边的美好，及时发现生活的不美好并改变它们。

没有实现的梦想是什么

我宁可做人类中有梦想和有完成梦想的愿望的、最渺小的人，而不愿做一个最伟大的无梦想、无愿望的人。

——纪伯伦

每个人都应该有自己的梦想，否则就失去了前进的动力和生存的意义。实现梦想是一种幸福，为了梦想而努力也是一种幸福，这两种弥足珍贵的幸福，没有梦想的人是体会不到的。也许有些人会说，我现在生活得很好，为什么还要有更高的要求呢？人要懂得知足，一味地要求不是太贪婪了吗？

我们确实应该懂得知足，但知足并不代表停止不前，有梦想也并不代表贪婪。我们应该清楚，社会是不断向前发展的，人们的物质和精神生活水平也是在不断提高的。如果你总是维持现状，看起来你好像在原地踏步，但实际上你已经落后了。如果你仍然不思进取，最后就一定会被社会所遗弃。人应该向前看，知足并没有什么不好，但不能将其作为堕落的借口。随着社会的发展，人的需求也会发生变化，所以我们总是实现了一个梦想后又产生了新的梦想，这是再正常不过的了。

当然，没有梦想的人是一小部分，大多数人都是有自己的梦想的。梦想都是关于未来的，深入了解自己的梦想对于创造更美好的未来具有十分重要的意义。所以，我们有必要整理一下自己的梦想，列一个梦想清单，将自己所有尚未实现的梦想全部罗列出来，然后再认真思考每一个梦想，想一想自己为什么会有这样的梦想；除了表面的原因之外，是否还有更深层次的动机；如果有，是否可以通过其他方法来满足内心深处的需求。在弄清楚这些问题以后，你就已经走在实现梦想的道路上了。

认真填写下面的表格，它会帮助你走上实现梦想的道路。

我还没实现的梦想	我为什么会有这样的梦想	我的更深层动机是什么	我可以通过其他方法来满足内心深处的需求吗

首先，认真思考你的梦想，你的梦想是具体的事物还是仅仅是个空洞的想法？如果你的梦想只是一个空洞的想法，那就要把它具体化，否则你永远都不知道该如何去实现它。比如说，你的梦想是要变得快乐，这样的梦想显然是不够具体的，因为有太多的事情会让你快乐。太多空洞的梦想会让你变得越来越迷茫，甚至觉得自己的梦想根本就是不可实现的。所以，把那些空洞的梦想都抛开吧，换成那些具体的梦想，比如去泰山看日出、自己建一座房子等。这些具体的梦想会让你的生活步入正轨，也会让你

发现自己的梦想其实并不那么难以实现。

　　接下来，请你试着找出自己希望实现这些梦想的原因以及更深层次的动机。这些问题会帮助你分辨梦想的真伪，让你更清楚自己内心的真正渴望是什么。比如说，你的梦想是成为一名作家，而你希望实现这个梦想的原因是你喜欢写作，你希望从事自己所喜欢的工作，实现自己的价值，而作家的生活也是你最向往的。那么你内心更深层次的动机是什么呢？是希望创造永恒的精神财富还是喜欢那种自由的感觉，是单纯的想做自己喜欢的事情还是渴望拥有作家的独特气质呢？如果是前两者，那么这个梦想就并不是你真正的梦想，因为你完全可以通过其他途径来满足自己的深层渴望；如果是后两者，那么就可以称之为真正的梦想，因为只有成为作家，才能满足你的内心需求。

　　如果你的梦想并不是真正的梦想，而只是一种表面现象，那么在这种表面现象背后，就一定有更深层次的动机，那才是你真正的渴望。如果是这样，我们就可以换一种角度，找寻其他可以满足你深层次渴望的方法，也许你会找到更容易的方式。比如说，你喜欢自由的感觉，那么你完全可以选择成为一个自由工作者或者多出去旅行，这似乎比成为作家更容易实现；如果你希望创造永恒的精神财富，你也可以用自己美好的品德来影响他人，后人会永远记住你的精神并受之鼓舞，这同样也是一笔巨大的精神财富。

　　总之，我们要尽量让自己的梦想现实一些，如果是永远都不可能实现的梦想，那就成了空想了。对于真正的梦想，我们要不断为之努力；而对于表面的梦想，则要注意满足内心的真正渴望。当你发现自己内心的深层次动机时，你就会找到更容易实现的方法，也许这种梦想你实际上已经实现了，只是你还不知道而已。所以说，要更好地实现自己的梦想，首先要了解自己的梦想。

首先明确你的目标

如果你能够处在正确的道路上，哪怕你只是坐在那里，也是一种超越。

——威尔·罗格斯

每个人的人生都是由许许多多的目标组成的，从完成一件事的目标、一个阶段的目标、未来几年的目标直到人生的最终目标。这些目标激励着我们一步步接近自己的理想，帮助我们成就自我。其实，成就自我就是一个实现目标的过程，当你的目标实现了，自然也就会感到满足了。但前提是你必须有一个明确的目标，否则你只能是虚度光阴，一事无成。只有首先明确自己的目标，你才不会偏离自己的目标，才能一步步向着自己的目标迈进，并最终实现自己的目标。要成就自我，你必须先保证自己处在正确的道路上，这是至关重要的。

当有了明确的目标以后，你就会去为之而努力，这个目标会激励着你不断前行。当你的目标一个个实现的时候，你除了会有成就感以外，还会感到自己的生活越来越接近心目中的理想生活，这是最让人兴奋的。如果你的目标不够明确，那么你就会在前行的过程中迷失方向，这会让你走很多弯路，甚至让你离自己心目中的理想生活越来越远。所以，我们必须要抓住明确的目标这个指明灯，只有它才能将我们带上正确的轨道，指引我们在正确的道路上前行。

我们应该养成制定目标的好习惯，这将让你更有动力且充满激情。目标可以分为人生的终极目标、长期目标、中期目标、短期目标以及日常规划5类，其划分的依据主要是实现时间的长短。终极目标是你要用一生的时间为之努力的目标；长期目标是要用10年以上的时间来完成的目标；中期目标是要用5～10年的时间来完成的目标；短期目标是要用1～5年的时间来完成的目标；日常规划是每天、每周或每月要完成的任务。认真思考你的人生，将你的目标填写在下面的表格里。

终极目标	1.	2.	3.
长期目标	1.	2.	3.
中期目标	1.	2.	3.
短期目标	1.	2.	3.
日常规划	1.	2.	3.

在确定目标以后,我们还要对自己的各个目标进行评估。虽然这5种目标实现的时间是不同的,但它们之间是有着内在的联系的。所有的目标都应该为人生的终极目标而服务,而终极目标又必须与你的理想相吻合。如果你发现其他的目标有与终极目标或你的理想不相符的,就要将其划掉;或者你也可以重新评估一下你的终极目标,作出相应的调整。此外,日常规划要为达到短期目标而定,短期目标要为达到中期目标而定,中期目标要为达到长期目标而定。按照这样的思路,看看你的表格是否存在问题,或者是否有不够完善的地方,对其作出相应的调整,填写在下面的表格中。

终极目标	1.	2.	3.
长期目标	1.	2.	3.
中期目标	1.	2.	3.
短期目标	1.	2.	3.
日常规划	1.	2.	3.

你觉得确定目标是一件很困难的事吗?如果你确实不知该从何入手,那就翻到前面,看看你刚刚填写过的人生重心原则图表吧!关注那些得分较低的选项,它们很可能与你要达到的目标有关。比如说,你的家庭一项得分较低,那就说明你对目前的家庭状况很不满意,而在你的内心又是很在乎家庭的,所以你的目标很可能是家庭幸福。再比如说,你的事业一项得分比较低,那么你的目标就很可能是事业有成。家庭幸福和事业有成显然都是终极目标,是你一生都要为之而努力的。

在确定了终极目标以后,你就有了一个人生的大方向,把握了这个大方向,你的人生就不会偏离正轨了。相对来说,其他几个目标的确定要容易得多,因为你已经处在正确的道路之上,其他的目标就有如道路上的驿站,每到达一个,你就离终极目标又近了一些。你也可以想象一下你未来的理想生活是什么样的。你未来的理想生活一定与你的终极目标是一致的,这样终极目标也就可以确定下来了。

激情有助于实现目标

没有激情,人不过是一种潜在的力量。就像火石,在它能够发出火星之前等待铁的撞击。

——阿米尔

激情是一种强烈的情感表现形式,常常能产生巨大的影响力和感染力,同时也能激发人的斗志。一个充满激情的人甚至可以创造出奇迹。我们的生活需要激情,我们自己也需要激情,激情不仅让我们充满希望,而且也有助于实现目标。一个富有激情的人,永远都不会自暴自弃、怨天尤人,而是会积极主动地采取办法,为实现自己的目标而努力;一个富有激情的人,永远都不会失去对未来的信心，他们总是满怀希望，去迎接困难和挑战。

激情和目标是相辅相成的。当你明确了人生目标以后，这个目标就会每天激励着你，让你充满激情，为实现自己的目标而努力奋斗，并尽快实现它。当你对一件事情失去激情的时候，你是不可能做好它的。就像工作，如果你失去了工作的热情，每天只是应付了事，那么你充其量也就是个不起眼的小职员，永远都不可能有大的作为。

你是一个充满激情的人吗

问自己下列问题：

每天早上起床的时候，你都会感到精神振奋吗？

在其他人眼中，你是一个很有活力的人吗？

你总是能感染周围的人吗？

你总是觉得有很多新奇的事物等待你去探索吗？

你觉得生活很有挑战性吗？

你总是觉得自己还可以表现得更好一些吗？

诚实地写下你的答案。如果你的回答全都是肯定的，那你就是一个充满激情的人；如果你的答案都是否定的，那你就要尽快把失去的激情找回来，重新振作起来；如果你的答案是肯定与否定参半，那就说明你是有激情的，但你完全可以让自己更有激情。事实上，从一个人的表情和言行中，我们也可以看出他是怎样的一个人。充满激情的人，他的眼睛总是闪烁着光芒的，而且他对待任何事物都是非常热情的；缺少激情的人，他的眼睛常常是灰暗的，而且总是唉声叹气、死气沉沉。无论你现在处于何种状况，都不要太过担心，因为你完全有能力改变它。

你也可以成为一个激情四射的人

我们每个人的内心都是充满激情的，只是有些激情被我们深埋于内心深处，而有些激情则被我们主动熄灭了。想一想我们刚刚走上工作岗位的时候，那时我们总是极力表现自己，哪怕是再烦琐的工作，我们也会投入极大的热情，那时的我们都是激情四射的。可是后来，对工作熟悉了，没有了新的挑战，没有了新鲜感，激情也就逐渐消失了。所以说，我们并不是没有激情，只要将深埋于内心的激情释放出来，将熄灭的激情重新点燃，每个人都可以成为激情四射的人。

激情主要是由两个因素决定的，一个是目标，一个是新鲜感。一个没有目标的人，是不太可能有什么激情的。而新鲜感也是促使激情产生的重要因素。当你觉得外界的事物很新鲜的时候，自然就会有一种探索的欲望，你对这些事物充满了兴趣，这时你的热情是最高的。在你解决了一些问题的时候，还会产生小小的成就感，这会使你的斗志更加旺盛。但如果你周围的事物全都是一成不变的，没有任何新鲜感，你就会感到厌倦，激情自然也就慢慢消失了。所以，要拥有激情，设立目标和挖掘新鲜感是两个非常有效的办法。

拥有激情的其他方法

拥有激情的其他方法有：

保持对生活的兴趣，尤其是对那些可以让我们的生活更美好的事物，千万不能失去热情；

把工作当成自己的事业来做,而不是一件差事;

别让自己承受过大的压力,它会将你的激情赶走;

不要总是满足于现状,它会让你失去前进的动力,从而失去激情;

经常与那些充满激情的人在一起,让他们的激情感染你。

总之,当你感到生活百无聊赖,对任何事都不感兴趣的时候,一定要特别注意,因为这很可能就是你失去激情的表现。这时一定要及时采取措施,重新燃起自己的激情,千万不能听之任之,否则你就会变成一个死气沉沉的人。当然,你也不能激情得过了头,不管对什么事、什么人都百分之百的热情,这很有可能适得其反了。就像伏尔泰所说的:"激情是使航船扬帆的骤风,有时也使它沉没,但没有风船就不能前进。"我们需要激情,但也不能太过有激情。

意志力:
创建持久行为习惯,成为你想成为的人

要事第一,自我管理原则

重要之事绝不可受芝麻绿豆小事牵绊。

——歌德

你是不是觉得自己每天都很忙,总是有做不完的事呢?的确,我们要面对生活和工作中的很多问题,这些问题都是有待我们去解决的。在公司,我们要处理日常的文件,要完成领导下达的任务,还要随时准备应付各种突发事件;回到家中,我们要洗衣做饭,要照顾老人,还要辅导孩子的功课。各种各样的事情填满了我们的生活,让我们总是忙忙碌碌,但当有人问你究竟在忙什么的时候,你能说得清吗?我想大多数的回答可能就是"瞎忙"。这样的生活是不是已经让你感到有些身心疲惫、心力交瘁了呢?如果你正处在这样的困境中,那就赶紧想办法改变它吧!

事情总有个轻重缓急,把紧急首要的事情放在前面,把其他无关紧要的事情放在后面,这样你的生活才会规律起来,你才能理清头绪,提高效率,而不至于每天都"瞎忙"。改变这种混乱的状态是非常重要的,而要改变现状,最好的办法就是进行一下分类，把要事放在第一位。

究竟什么样的事情是要事呢？总的来说，与你的人生目标有关的事情就可以称之为要事。但要事不一定是紧急之事。有些事是你必须马上去做的，但它却与你的人生目标无关。比如，当电话铃声响起的时候，不管你正在干什么，你都必须马上去接电话，而电话的内容则可能是一些很无聊的事情。这样的事虽然紧急，却并非要事。再比如，有人急急忙忙来找你，让你帮他办点事，这件事对他来说肯定是非常重要的，所以对于他来说，这件事既是急事又是要事；但对于你来说呢，就只能算是急事，而并非要事。

一天中你可能要做的事

你一天中可能要做的有以下事情：

完成今天的工作量；

完成领导交代的紧急任务；

下班后与同事逛街；

给远方的朋友打一个电话；

到父母家里吃晚饭；

去学校接孩子回家；

看电视；

帮朋友挑选婚纱；

把房间收拾干净。

思考一下，如果是你，这些事你会以哪几件为重呢？这恐怕就要看你的人生目标了。如果你的人生目标是取得事业上的成功，就会把工作上的事放在第一位；如果你的人生目标是拥有一个美满幸福的家庭，那么你就会把家人放在第一位；如果你的人生目标是拥有知心的朋友，那么你就会把朋友放在第一位。由于一天的时间有限，所以你不可能在一天内做完所有的事，一些无关紧要的事，如看电视、陪同事逛街等就可以不去做了。而在自己要做的事情中，也要分出轻重缓急，先挑选紧急且重要的事情做。

紧急且重要的事通常是不会被我们忽略的，最容易被我们忽略的是那些不紧急但却很重要的事。由于没有迫在眉睫，我们总是忙于应付各种各样的琐事，却忽略了对自己来说真正重要的事。所以，我们总是说每天都很忙，但却仍然离我们的人生目标很远。问问你自己：你是怎样安排每天的时间的？你有多少时间用来做那些与你的人生目标有关的要事呢？

紧急且重要的事是一定要做的，但经常被这样的事缠身很容易让人处在压力之中，身心疲惫。紧急但不重要的事可以不做，拒绝别人的请求或许有一定的困难，但它可以为你节省宝贵的时间，让你去做更重要的事。不紧急但重要的事是我们最该关注的，每天都应该抽出一部分时间来完成它，这不仅对实现我们的人生目标非常有益，而且也可以防止将要事积攒在一起，给自己造成危机。不紧急且不重要的事是放松的最佳手段，你可以在闲暇的时间去做，但不能以其为主，否则就是自甘堕落了。

总之，在生活中一定要坚持要事第一的原则，把要事放在第一位，在完成要事的基础上再去做其他的事情。至于紧急且重要的事，最好不要让其出现，否则就会给自己造成过大的压力。只有这样，才能成为一个真正有效能的人。

　　为了更好地监督自己把要事放在第一位，你可以每周做一个计划，将自己所做的事罗列出来，分出轻重缓急，这样实施起来就容易多了。注意，今天的事最好今天完成，尤其是要事，最好不要拖延。其他事情如遇到突发状况没有完成，可以顺延到下一天。

	星期一	星期二	星期三	星期四	星期五	星期六	星期日
今日要事							
兑现承诺							
突发状况							
备注							

完成你的人生重心原则图表

　　经过这一阶段的训练，你觉得自己的生活有什么样的变化呢？让你的重心原则图表来帮你检测一下吧！完成下面的图表，看看你的生活是否发生了变化。

	1	2	3	4	5	6	7	8	9	10
爱情										
配偶										
家庭										
家居										
健康										
休闲										
享乐										
精神										
友情										
敌人										
自我										
事业										
创造力										
金钱										
名利										

询问自己为什么停滞不前

任何犹豫或迟疑只会带来时间的虚度。你是认真的吗？抓住梦想的瞬间，无论你能够做些什么或者梦想能做什么，不要踌躇，因为勇气中蕴含了魔力、力量和天赋，现在就行动起来！

——歌德

想一想自己确定上一个目标的时间以及自己为实现这个目标所做出的努力，评估一下自己的努力成果，看看自己是已经在接近目标了，还是一点儿进展都没有呢？如果你还在停滞不前，那就要赶快找到阻止你前行的原因。只有认识到阻力的存在，才能去想办法克服阻力，在你扫清了前行的障碍以后，你就会发现自己离目标又近了一步。如何找到自己停滞不前的原因呢？不妨先问自己几个问题，也许你会从中找到答案。

问自己下列问题：

你总是无法坚持做完一件完整的事情吗？

你总是在犹豫该如何做好事情吗？

你总是把时间花费在与目标无关的事情上吗？

你总是觉得自己做不好任何事情吗？

你总是害怕失败吗？

你经常更换自己的目标吗？

在上述几个问题中，如果有哪一个让你作出了肯定的回答，那么这个问题可能就是你无法接近目标的原因。有些人刚开始去做一件事情的时候干劲儿很足，但是过不了多久就会失去耐心，尤其是当事情没有明显的进展时，更是会兴致全无，干脆把它弃之不理。这种类型的人是典型的半途而废型，做事缺乏耐心和毅力，常常在走到一半儿甚至快要接近终点的时候忽然放弃，结果让自己所有的努力全都付之东流了。如果你是这样的人，就要想办法锻炼自己的耐心和毅力，让自己坚持做完一件事，享受成功的喜悦。你可以从身边的小事做起，比如，绣完一个大型的十字绣、完成一张拼图等。

有些人自己没有主见，思考一个小问题都要花上半天的时间，犹豫来犹豫去始终都做不了决定，结果把时间大都花在了犹豫和迟疑上，让自己错过了很多良机。这种类型的人太过优柔寡断，做事拖泥带水，效率自然也不会高，常常是事倍功半。如果你是这样的人，就要想办法让自己变得果断一些，试着去做一些决定，而且要尽快作出决定，勇敢地去尝试，即使最后失败了，你也应该为自己的勇气感到骄傲。你可以从决定自己的穿戴、晚饭的内容等日常小事做起，当你习惯了做决定以后，你就会发现其实做决定并没有那么困难。

有些人的生活没有重心，经常把时间花费在一些无关紧要的小事上，却把对自己来说最重要的事都抛在了脑后，结果可想而知。这样的人没有把要事放在第一位，也就是没有坚持要事第一的原则，所以这种人是不会利用时间的人。如果你是这样的人，你可以参考前面的内容，对自己未来的一周进行具体的规划，督促自己以要事为主。

有些人觉得自己能力有限，很多事情都做不好，与其去丢人，还不如干脆不做。这样的人对自己缺乏信心，而且消极悲观，不肯努力也不肯尝试，总是抱着当一天和尚撞一天钟的想法，得过且过，安于现状。这样的人大概早已忘了自己的目标，即使还记得目标，也不会去做任何努力。如果你是这样的人，一定要马上改变自己消极的态度，积极行动起来，没有尝试过，又怎么知道自己做不到呢？给自己一点信心，相信自己一定可以达到目标。做一些简单的易于实现的事，这有助于增强信心，让自己向着目标前行。

有些人特别害怕失败，还没等开始做，就先考虑失败了自己该怎么办。这种恐惧心理导致他们总是畏缩不前。如果你是这样的人，你最应该做的就是战胜自己的恐惧心理，你要告诉自己，失败并没有什么可怕的。失败也是一种经历，在经历过失败后，你可能会有更多的收获，而且这一次的失败可能就是下一次成功的基础！况且，即使真的失败了也不会怎么样，天不会塌下来，太阳在第二天的早上也照样会升起来。

还有些人经常更换自己的目标，这个目标还没等怎么样，就马上换了目标，这样换来换去，自己连一个努力的方向都没有，到最后自然是一事无成。这样的人缺乏明确的目标，连自己的真正需求都不知道，自然也就不可能实现所谓的人生目标。如果你是这样的人，那就赶快翻回到上一章，先明确自己的目标以后，再向着这个方向努力，这样就会容易很多。要实现目标，你必须首先保证自己在正确的道路上。

总之,如果你发现自己一直没有接近目标或者接近的速度非常缓慢,那就要询问自己停滞不前的原因。这就有如人生病后要看医生一样,当发现自己的某个方面出现问题以后,就要及时进行诊断,找到问题的根源,对症下药。只要找到了原因,就总会有解决的办法。只要你希望实现自己的人生目标,就一定能扫清前行路上的障碍。

专注的力量

人只要专注于某一项事业,那就一定会做出使自己都感到吃惊的成绩来。

——马克·吐温

当我们集中所有精力去做一件事的时候,效率是最高的,这是每个人都知道的经验之谈。但在实际的生活中,你在为你的人生目标而努力的过程中,又有多少时间是在专注地去做一件事呢?尤其是当你有更多的选择时,你甚至会感到困惑和迷茫。如果你已经开始出现了这样的情况,那就要想办法把自己拉回来,重新专注于自己的目标。

你是一个专注的人吗

问自己下列问题:

你在做一件事情的时候经常会想到其他的事情吗?

你觉得自己的工作效率很低吗?

你觉得自己的生活混乱吗?

你经常会同时去做两件以上不同的事情吗?

如果你的答案都是肯定的,那么你还不能算是一个专注的人。举一个最简单的例子。有些孩子总是在学习的时候想着如何去玩,而玩的时候又牵挂着没写完的作业,这样不仅学习成绩没有长进,就连出去玩的时候也不能尽兴;而有些孩子在学习的时候就全心全意地学习,出去玩的时候就什么都不想,开心地玩,这样不仅学习成绩得到了保证,而且玩得也十分尽兴。前者终日处在压力之中,后者则身心愉快,这就是专注与不专注的区别。

如果你已经意识到了自己的不专注,只要你希望改变自己,就永远都不会晚。当然,越早改变对自己就越有利,效果也越好。在生活中,我们总是要面对各种各样的事情,如何让自己只专注一件事呢?很简单,当你面临很多选择的时候,你只要随便挑选一件就可以了。当你做这件事的时候,把其他事情都放在脑后,集中自己全部的精力去做这件事。也许开始的时候会有些困难,但是等你习惯了并感受到专注所带来的快乐以后,就会自然而然地专注了。

专注的力量

如果你没有亲自尝试过专注于眼前的事情,你就永远也不会感受到专注的力量。当你专注于一件事的时候,你不仅会感到工作效率在提高,而且你也会觉得所有的事情都尽在掌握之中。如果你目前正在专心致志地做一件事情,那么其他的事情也都会按部就班地完成,你的生活会变得越来越有规律,越来越高效,你完全可以将生活的节奏掌控在自己的手中。所有这些,会使你获得一种前所未有的满足感,这就是专注的力量。

当你已经学会专注以后,就要回归正题,让自己专注于自己的人生目标。实现人生目标并非一朝一夕之事,在如此漫长的过程中,谁都不可避免地要开几次小差,甚至出现几次动摇。动摇并不可怕,当我们频繁受挫的时候,谁都可能会动摇,这是人之常情。关键是你如何稳住自己,让自己重新走回正轨,专注到目标的实现中来。如果你还没有找到有效的方法,那么下面的方法也许会帮上你的忙。

绘制一幅最能代表你的未来的图画,充分发挥你的想象力,将你实现目标后的情景全部用图画表示出来,将其贴在你的房间中最醒目的位置上。这样,每当你有所动摇或不够专心的时候,你就可以看一看这幅图画,想象一下未来的美好生活,它会让你重新积蓄起力量,专注于自己的目标,并为实现目标而不断努力。这幅图画也许会成为你追逐梦想的强大力量,始终激励着你向着梦想的方向迈进。

需要注意的是,专注并不意味着你只能有一个目标,而是说当你在实现某一个目标的时候,必须集中全部的精力。我们可以有多个目标,比如,你既可以希望有一个温馨的家庭,又可以希望取得事业上的成功。那么在实现目标的时候,你就要做到将这两个目标分开实行，当然，分开并不是说等实现一个目标以后再去实现另一个，两个目标可以同时进行，但在工作的时候，就要全心全意地工作，绝不能想着家里的事；而到了家里，就要把工作的事全部抛开，尽享天伦之乐。

规划和利用自己的时间

驱散遮掩我们视线的浓雾，从一天的高效工作中获得快乐。

——亨利·马蒂斯

生命是有限的，你不可能在实现目标的路途中走走停停，即使其他的条件允许，时间也不会允许。如果到了风烛残年，你仍然站在起点，那么你还有足够的时间走到终点吗？生命不可能重来一次，时间也不会停止，过去的就永远都追不回来了。所以，对于每个人来说，时间都是最宝贵的。你必须在有限的时间里完成自己的人生目标，成就自己的梦想，这样你的人生才有价值，才不枉费到人世走上一遭。时间的可贵固然是众人皆知的，但是真正懂得珍惜时间的人却寥寥无几。

也许你会说，时间是看不见也摸不着的，又如何去抓住它呢？虽然我们不能让时间停止，但是我们可以充分利用时间，在有限的时间里做更多有意义的事，这就是珍惜时间的最好方式。如果你能更好地规划和利用自己的时间，你的生活就会变得更有秩序，你的目标也会更容易实现。如何规划和利用自己的时间呢？下面的实验也许会给你一些启发。

装满你的坛子

假设你有一个坛子，你要用4种东西将其填满，这4种东西分别是大石头、小石块、沙子和水。你可以尝试用不同的方法来填满坛子，但只有一种方法是装得最满的，那就是先放大石头，然后再向里面填小石块，接着再用沙子填满缝隙，最后再向里面灌水。如果你采用其他的办法，是无论如何也放不下这么多东西的。想一想为什么会有这样的结果？也许你会有更重要的收获。

我们可以把这个坛子看作一天的时间，用大石头来象征要事，也就是与你的人生目标有关的事情；小石块象征一天中固定的事情，比如说工作、上课等；沙子象征其他你不得不做的事情，比如说买菜、做饭等；水象征那些无关紧要的琐事，比如说上网聊天、回复电子邮件、整理家务等。前面已经提到了把坛子装得最满的方法，而这种方法也是把时间利用得最充分的方法，因为它充分利用了坛子的空间，没有留下任何缝隙，而且它的重量也是最重的，这是其他方法都办不到的。

由此可以推知，要将一天的时间充分利用起来，就一定要先安排要事，这与我们在本章开头提到的要事第 的原则恰好不谋而合。

当然,"水"和"沙子"也可以填满你的坛子,但是你却丢掉了"大石头",这样坛子的重量就大大减轻了。所以,千万别把时间都浪费在那些无关紧要的琐事上,这只会让你离自己的目标越来越远。装满大石头的坛子还有缝隙去容纳水和沙子,但是装满水和沙子的坛子却不会再有空间来容纳大石头了。所以说,在规划时间的时候,一定要优先规划出"大石头"的时间,这样才不会因小失大。

你的"大石头"一定是与你的人生目标密切相关的,但是千万不要选得过大,以免给自己带来压力和挫败感。这块"大石头"最好是易于实现的,这样你每天都可以完成任务,既防止了压力和挫败感,又可以获得一定的成就感。每一天都要至少为自己设立一块"大石头",当然,你可以设立两块到三块,只要你有能力完成它。每一块"石头"都是你通往目标的基石,这样一块块地铺设下去,总有一天,你会走到终点,实现自己的目标。你可以为自己制定一个表格,记录下你每天的"大石头",这样你就不会因为"水"和"沙子"而忽视"大石头"了。

"大石头"	星期一	星期二	星期三	星期四	星期五	星期六	星期日
1.							
2.							
3.							
……							

当然,为了你的"大石头",你可能需要牺牲一些其他的时

间,比如用来看电视、打游戏的时间,但是从长远来看,这样的牺牲是非常值得的。有什么事情能比实现自己的人生目标更让人快乐的呢?为了获得这样的快乐,这样的牺牲又算得了什么呢?况且也不会牺牲你所有的娱乐时间。别忘了那个坛子,虽然它装满了大石头,但是它仍然有缝隙可以装进水和沙子。所以说,不必担心专注于目标会剥夺你全部的个人娱乐时间,相反,它只会让你的生活更高效,让你在更短的时间内完成更多的事情。

有效使用积极肯定

> 成功者能为失败者所不能为,纵使并非心甘情愿,但为了理想与目标,仍可以凭毅力克服心理障碍。
>
> ——葛雷

除了积极的想象以外,积极的肯定也是实现目标的有效手段。人的思想主宰着人的行动,所以要改变一个人,也应该从改变他的想法入手。在遭遇挫折或不幸的时候,很多人都会产生消极的想法,对自己、对未来加以否定,以至于悲观厌世,一蹶不振。这样的状态,还怎么可能实现目标呢?人生在世,不可能一帆风顺，挫折和困难是在所难免的。如果遇到点儿阻力就妄自菲薄，那么你的人生就要在灰暗中度过了。

什么是积极的肯定呢？带有肯定性的积极的想法或论断，就可以称为积极的肯定。首先，你要保证这个想法或论断是具有积极意义的，也就是有助于实现你的目标的。其次，你还必须用肯定性的语句将其表示出来。也就是说，在语句中只能出现肯定词，不能出现否定词。比如说，你的目标是减肥成功，这时你就要用"我很苗条""我的身材很棒"等肯定性语句来表达，而不能用"我不再肥胖了"等否定性语句来表达。如果你以前习惯了用否定的表达方式，那么不妨将其转换一下，并养成这样的习惯，这很容易办到。

否定性语句	肯定性语句
如：我不再肥胖了	如：我很苗条
如：我不再贫穷了	如：我是一个有钱人
如：我不是一个失败者	如：我是一个成功者
如：我不再疾病缠身	如：我会很健康

这样的转换是不是很容易呢？也许你会说这样的转换没有什么意义，因为两者的意思是完全一样的。没错，前后两句话的意思确实是相同的，但是由于表达方式不同，对人所产生的作用就是完全不同的。肯定性语句更能振奋人心，让人获得足够的动力向着自己的目标前行；而否定性语句则很难起到这样的推动作用，而且否定性语句中都带有一个消极的词语，比如说肥胖、贫穷、

失败、疾病缠身等等，这些消极的词语也会对人产生负面的影响。如果你还在使用否定性语句，那就赶快改正过来吧，你会发现这小小的改变将对你起到十分积极的作用，让你更有信心去追逐自己的梦想。

如果这种积极的肯定只是你瞬间的想法，那么它所起到的作用也是微乎其微的。要有效地使用积极的肯定，就要每天重复若干次这个肯定。因为只有不断地重复，这个肯定的内容才会在你的心中留下深刻的印象，并促使你朝着目标迈进。如果只是瞬间的想法，那么你可能会获得一时的动力，但是如果不加以巩固，这种动力是不会持久的，用不了多久，你就会把它忘得一干二净。

由于每天必须进行多次重复，所以你所选择的肯定不能超过3个，否则就会过于混乱，影响效果。当然，你必须保证你所选择的肯定与你的目标有关，而且每一个肯定必须只与一个目标有关。你可以挑选任何时间来重复肯定，比如在你早上睁开眼的时候，在你刷牙的时候，在你等车的时候，在你入睡前的时间等等。至于每天究竟要重复多少次，并没有严格的限制，你可以自由掌握，没有必要用具体的数字去衡量它，只要它足以给你前行的动力就可以了。如果去限制次数，反倒会显得过于死板，甚至还会影响效果。

总之，我们应该清楚，要让积极的肯定发挥应有的作用，就要掌握一定的方法；灵活运用是关键，重复运用是要点。你可以根据自己的实际情况来选择与自己的目标有关的积极肯定，如果你选择了两个或三个，那么它们最好是不同类的，比如，你可以选择家庭、事业和健康的。你也可以同时使用积极的假设，假设这些肯定正在发挥积极的作用，这可以增加额外的效果。下面将使用积极肯定的方法总结一下，这会让你更清楚该如何有效使用积极的肯定。

有效使用积极肯定的方法

有效使用积极肯定的方法有：

选择与目标有关的积极肯定（至多3个）；

用肯定性语句表达出自己的肯定，要尽量简短；

每天多次重复每一个肯定；

在肯定时充满自信；

使用积极的假设，增加额外的效果。

在使用积极的肯定一段时间以后，你需要对自己的努力结果进行一下检验，而检验它的最好方式当然是我们的人生重心原则图表。当然，你也可以直接判断自己是否在接近自己的目标。如果你已经取得了一定的进展，那就享受一下成功的喜悦吧！虽然现在还没有到达终点，但是这小小的成就感也是对你努力的肯定，这会让你更加充满信心地前行。如果现在还没有进展，也不要过于悲观，对自己有点耐心，前方的路一定会越走越宽！

适时进行自我激励

一个人是可以做到他想做的一切的,他需要的只是坚忍不拔的毅力和持久不懈的努力。

——高尔基

在实现目标的过程中,我们总是不可避免地要遇到这样或那样的困难,尽管我们并不害怕困难,但有些时候,我们还是会觉得艰辛。所以,我们需要不时地从生活中获得前行的动力,进行自我激励。如果你总是能及时地获得足够的动力,那么你前行的脚步就会加快,实现目标的时间也会缩短,这当然是你非常愿意看到的。而要获得足够的动力,就必须找出能够给予你动力的事物,它们才是你获得动力的源泉。在生活中,总会有一样或几样事物在激励着你不断前行,即使你现在还没有察觉到,它们也一定是存在的。

什么能激励你向着自己的目标迈进

能激励你向目标迈进的东西有:

有限的时间;

恐惧;

奖励;

他人的赞赏;

责任感;

制订好的计划；

竞争；

激情；

未来的美好蓝图；

……

有限的时间会让人产生一种紧迫感，这种紧迫感会督促你尽快实现自己的目标；由于对某些事情可能产生的后果的恐惧，你可能获得一种巨大的动力；无论什么样的奖励，都是对自己努力成果的肯定，都是人前行的动力；赞赏具有和奖励同样的作用，也是一种非常有用的激励手段；一个有责任感的人，一定会觉得他必须做到他说过要做的事，否则就是不负责任的表现，所以对于有责任感的人来说，责任感是一种巨大的动力；制订好的计划会提醒你该做些什么，让你专注于你的目标；竞争会增加你的危机意识，激励你提高自己；激情能激发你坚持为实现目标而努力；未来的美好蓝图会让你更加向往美好的未来，并为实现自己的目标而努力。

仔细思考上面的激励手段，看看哪一种能够激励你，将它们都写下来。当然，上面的激励手段并不全面，如果你还有其他的激励手段，可以补充进来。比如回想以前你完成某件事或某个任务的时候受到了哪些因素的激励，尽可能多地将它们找出来，这将有助于实现你将来的目标。将所有激励的方法找到以后，对它们进行一下排序，把最能激励你的放在第一位，对自己激励作用最小的放在最后一位。了解这些方法对你的激励作用大小，可以帮助你更好地利用它们。

能够激励我前行的有效手段

在找到自我激励的有效方法以后,你就可以用这些手段为自己充电加油,让自己获得足够的动力,加快脚步向着目标迈进。当你感到身心疲惫或是失去信心的时候,不妨重新翻到这一页,看看这些能够激励你的方法,用它们来帮助你重新振作起来。在寻找自我激励手段的时候,一定要尽可能全面,将所有能激励你的方法都写出来。

如何进行自我激励呢?如果你觉得紧迫感可以催你奋进,那么你就可以在开始做一件事情之前,为自己设定一个截止日期,告诉自己必须在这个日期前将这件事情做完。如果恐惧可以给你力量,那么你需要做的就是要设想你最不希望发生什么状况,当你特别害怕事情会变糟的时候,你就会尽自己最大的努力不让这种状况发生。

如果奖励对你十分有用,你就要明确地告诉自己在做完这件事以后会得到什么奖赏,比如你可以做一顿美餐慰劳一下自己,也可以给自己放个假,到心仪已久的地方去旅游等等。

如果你更看重他人的赞赏,那么你就可以设想在自己漂亮地完成这件事的时候,其他人都会对自己进行什么样的赞赏,你可以想得具体一些，比如你可能得到爱人的拥抱，可能得到同事的感谢，也可能让领导对你竖起大拇指等等。

如果你是一个有责任感的人，那么毫无疑问，只要你认为完成这件事是你的责任，那么你就会勇往直前。

如果你更喜欢按照计划行事，那么最好的方法就是提前做好周密的计划，将事情进行分解，并落实到每天的实际行动中，这可以促使你按照计划完成你要做的事。

如果你觉得竞争是你的动力，那么在你停滞不前的时候，不妨想想你的竞争对手们，也许他们此刻正在快步前行，如果你还在原地踏步，就会被人家远远地甩在后面了。为了赶超竞争对手，你千万不能松懈。

如果激情是你的动力，那么你需要做的就是在生活中寻找激情，不断地为自己树立目标以及挖掘生活中的新鲜感是让你拥有激情的好办法。

如果你觉得美好的未来更能给你动力，那么你不妨多想象自己曾勾画过的未来的美好蓝图，为了实现这个目标，你必须要不断地付出努力。

以上是几种比较普遍的激励方法，如果你还有更好的激励方法，那就按照你的方法去做吧！

保持旺盛的斗志和决心

> 我成功是因为我有决心，从不踌躇。
>
> ——拿破仑

人生的道路并不平坦，甚至可以说是荆棘丛生，我们总是会遇到这样那样的挫折和困难。在你承受了一次又一次的打击之后，是否仍然能保持旺盛的斗志呢？是否仍然有决心去实现你的目标呢？如果你的答案是肯定的，那么你终将是一个成功者；如果你的答案是否定的，那么你必将是个失败者。做成功者还是失败者，你完全可以自己选择。如果你能够以积极的心态去对待挫折，战胜困难，那就说明你具有较强的挫折承受力，能够始终保持旺盛的斗志，这正是取得成功的重要条件。

挫折是客观存在的，但是对待挫折的态度却是我们主观决定的。对待同样的挫折采取不同的态度，所产生的结果也是不同的。既然我们都不可避免地会遇到挫折，那么如何让挫折为我们的人生增色，而不让它把我们打倒就显得尤为重要。其实，挫折对我们来说是"垫脚石"，是"财富"还是"万丈深渊"完全取决于我们自己。

笑对挫折

当挫折出现的时候，尝试笑着对自己说："没什么大不了的，我不会就这样被打倒。"然后，积极地思考挫折发生的原因和解决办法，总结经验教训，并采取实际行动，继续为实现自己的目标而努力。经历过挫折以后的成功会带给我们更大的喜悦，也让我们更有成就感。所以，当你学会笑对挫折的时候，也许挫折还会成为你前行的动力。

你要时刻提醒自己，绝不能被挫折打倒，要想到挫折过后更美好的未来，并采取可行的办法战胜挫折。但如果你总是接二连三地遭遇挫折，那就要考虑自身的问题，比如目标是否现实、计划是否可行等等。如果确实有问题，那就要及时进行调整，不能硬撑。为了帮助自己战胜挫折，保持旺盛的斗志，你可以将挫折记录下来，并对其进行分析，这样做有助于你找到战胜挫折的方法。

你遇到的挫折	挫折产生的原因	战胜挫折的方法

除了要保持旺盛的斗志外，下定成功的决心也是非常重要的。决心是一种最积极的心态，当你下定决心的时候，你自身的所有潜能都会被激发出来，所以成功的概率自然也就大大增加。事实上，我们每个人都有着巨大的能量，这些能量蕴含在我们身体的内部，所以我们常常察觉不到它们的存在。但当你下定决心去做一件事情的时候，这些能量就会全部集中到一起，帮助你去战胜所遇到的一切困难，直到实现最终的目标。在你下定决心的时候，你身体内部的所有能量就会全都被唤起，这将使你表现得比以往

任何时候都聪明、冷静，你甚至会在此时创造奇迹。

　　下定成功的决心很重要，但是在大多数时候，我们却总是没有下决心的勇气，或者是没有付出行动。我们总是会说希望将来是什么什么样的，或者是自己想要什么样的结果，但是却很少有人会说我决心去怎么样做。你想要的东西未必会得到，因为想要只能说明那是你的一种兴趣或愿望，但如果不下决心得到它，它就很难变成现实。也许你也曾下过决心，但是却不愿意付出努力，尤其在遇到困难的时候，更是打起了退堂鼓，这样你显然是不可能成功的。决心并不只是简单地对自己表明心迹，更是要为之付出努力，并坚定不移地为之努力下去，直到达到最终的目标。

我希望过上幸福的生活	我决心要过上幸福的生活
我希望身体健康	我决心要身体健康
我想要拥有舒适的住宅	我决心拥有舒适的住宅
我想要一个美满的家庭	我决心要一个美满的家庭
我想要做好这件事	我决心要做好这件事

　　按照上面的方法对自己的想法进行转换，让自己下定决心去实现目标。只有下定了决心，你才会为实现目标而不断努力。你可以从生活中的小事做起，比如当你下定决心不吃零食的时候，就一定不能再去碰它。不要试图给自己找任何借口，既然下了决心，就一定要做到。也许刚开始的时候你会觉得这有些困难，但当你成功实践了一次以后，你就会切身感受到决心对自己的帮助。而且下定成功的决心，必然会帮助你实现你的人生目标，让你受益匪浅。

第四章

自信力：
掌握面对未知的力量

自我信任，热爱自己的原则

你若说服自己，告诉自己可以办到某件事，假使这事是可能的，你便办得到，不论它有多艰难。相反，你若认为连最简单的事也无能为力，你就不可能办得到，而鼹鼠丘对你而言，也会变成不可攀的高山。

——艾蜜莉·顾埃

通往梦想的道路并不平坦，你需要有足够的勇气和信心支撑着自己一直走下去，尤其是面临困境的时候，你更应该相信自己的选择，并坚定不移地走下去。有些人对自己不够信任，一旦碰到挫折和困难就开始怀疑自己的能力，甚至怀疑自己当初的选择是不是正确的。当他们进行了一系列的自我否定以后，结果往往都是放弃。在追逐梦想的过程中，我们一定要坚持自我信任的原则。

我们都曾对自己产生过怀疑，即使是最终走向成功的人，也都有过质疑自己的经历。如果一个人在任何时候都对自己坚信无疑，那就成了盲目自信了。但怀疑并不是一味的自我否定，把自己说得一无是处，怀疑是一种反思，是在寻找解决问题的最佳途径。如果确实是自己出了问题，那就要及时改正，防止问题进一步扩大。从这个角度来看，怀疑是有利于实现目标的。但在现实生活中，通过怀疑来自我否定的人比比皆是，而通过怀疑来反思或者解决问题的人却少之又少，这其中的主要原因就是大多数人都对自己不信任，以至于将怀疑转化成了否定。

你信任自己吗

问自己下列问题：

当别人说你的某样东西不好时，你就会把它丢在一边吗？

你总是不能果断地做出决定吗？

你经常放弃你的目标吗？

你经常怀疑自己的能力吗？

你特别在乎别人的看法吗？

对于领导交给你的重任，你总是会找借口推掉吗？

如果你的答案是肯定的，那么你对自己就是不够信任的。如果你特别在乎他人的看法，别人说好的你就去做，别人说不好的你就丢在一边，这只能说明你根本就不信任自己的判断能力。其实，在征询他人的意见之前，你就已经有了自己的想法，这是你自己判断出来的。但是你对自己不放心，你害怕自己的判断会出现偏差，所以你需要找人证实一下。当其他人肯定你的判断时，你就会放心地去做；如果你的判断受到了否定，尤其是当很多人都提出了不同的看法时，你的思想就会随之改变，接受他人的看法。但实际上，你的判断可能是正确的，就因为你对自己不够信任,听从了他人的意见,才使得你错失了良机。

还有些人因为别人的意见而改变了自己的人生目标,做了自己并不想做的事,这样的人就更加可悲了。别人对你的了解毕竟有限,他们认为你适合做什么并不代表你真的适合做什么。我们应该清楚,在这个世界上,最了解我们的人永远都是我们自己,只有自己才清楚自己真正想要的是什么。如果你的人生目标是当一名医生,因为看到病人康复会让你感到很快乐,而其他人却认为你更适合当一名老师,因为你有着渊博的知识。如果你听从了他人的意见当了老师,那么你就永远也得不到你所渴望的那种快乐,因为教书育人和救死扶伤相比,你更看重的是救死扶伤。

要充分地信任自己,坚持自己的想法,即使到最后真的错了,那也是你自己的选择,而且相信你也会有其他的收获。当碰到困难时,要相信自己有能力战胜困难;当自己的想法受到挑战时,要相信自己可以用行动来证明它。当你对自己产生怀疑时,可以试试用下面的方法来帮助自己重拾信心。

重拾信心的方法

重拾信心的方法有:
大声对自己说:我可以战胜眼前的困难;
把注意力集中在解决问题上;
再次确定自己真正想要的;
给自己冷静思考的时间;
采取有效的措施让自己获得动力;

相信自己有着巨大的力量；

用其他人成功的事例来激励自己。

只有充分信任自己，你才能克服重重困难去完成自己的目标，才能成就自我。但需要注意的是，千万不能盲目自信。出现问题要及时进行反思，并找到解决问题的方法，而不能坐以待毙，等着问题自己消失。你应该相信自己有分析问题和解决问题的能力，而不是相信自己不会出错。

完成你的人生重心原则图表

经过这段时间的训练，你是否已经能够掌控你的生活了呢？你是不是已经在接近你的目标了呢？如果答案是肯定的，那就给自己一点掌声吧！继续把注意力集中在那些有待改进的领域，让你的生活更加平衡。赶快来完成你的人生重心原则图表，它会为你指明前进的方向。

	1	2	3	4	5	6	7	8	9	10
爱情										
配偶										

家庭								
家居								
健康								
休闲								
享乐								
精神								
友情								
敌人								
自我								
事业								
创造力								
金钱								
名利								

无条件地热爱你自己

不爱自己的人崇拜别人，但因为崇拜，会使别人看起来更加伟大，而自己愈加渺小。他们羡慕别人，这种羡慕出自内心的不安全感——一种需要被填满的感觉。可是，这种人不会爱别人，因为爱别人就要肯定别人的存在和成长,他们自己都没有的东西,当然也不可能给予别人。

——伯纳德

人世间最美好的事物大概就是真爱了。爱是夏日里的一股清泉,滋润着每一个人的心田;爱是严冬里的一缕阳光,温暖着每一个人的身体。爱的力量是巨大的,有时甚至可以创造出奇迹。每一个人都需要爱,没有爱的人生是残缺不全的,不懂得真爱的人也是不够完整的。每个人都有爱与被爱的权利,但是爱并不仅仅意味着爱别人和接受别人的爱,它还包括另一个重要的内容,那就是爱自己。

我们总是理所当然地爱着别人,因为这是我们的责任和义务,也是自己完美人生不可缺少的一部分。我们爱父母、爱配偶、爱孩子、爱朋友,为了让他们感受到我们的爱,我们会想尽各种办法。当然,我们也会得到他们的爱,这也是我们幸福的源泉。但是我们不仅需要他人的爱,我们更需要自己的爱。一个人如果想去爱别人,首先应该做的就是好好地爱自己。爱自己是一切爱的基础,所有的爱都应该从爱自己开始。

你爱自己吗

问自己下列问题:

你喜欢自己的名字吗?

你能迅速说出自己的优点吗?

你会为了爱别人而牺牲自己吗?

你会竭力满足自己的需要吗?

你总是硬着头皮去做那些你并不想做的事情吗?

你经常进行自我批评吗?

你总是会把他人的需求放在第一位、处处留心他人吗?

你总是试着去适应身边的人吗?

如实回答上面的问题,你会从中找到答案。你的名字是你的代号,与你的关系是最为密切的,如果你不喜欢它,那么你也不会喜欢自己。每个人都有自己的优缺点,如果你能迅速说出自己的优点,那就说明你是懂得欣赏自己的。我们应该爱别人,但是爱别人不应该以牺牲自己为代价,爱别人应该从爱自己开始。

爱自己就要努力做自己想做的事,别再硬着头皮去做那些你根本就不想做的事情了,那是对自我的一种摧残。保持你自己的个性,你不需要总是去迁就别人,努力地去适应别人,也不要总是批评自己,进行自我否定。你可以进行自我反思,但不要自我否定。像对待别人一样对待自己,要知道,你也同样需要自己的爱。

为了实现你的人生目标,你必须无条件地热爱自己。因为只有真正地热爱自己,你才能信任自己,你才不会让任何人、任何事击倒你、打败你,你才会有足够的勇气和力量走到胜利的终点。

从现在开始打造一个全新的你,一个爱自己的你。不要再妥协下去了,为你自己活 回,你的生活会变得更加美好。

你可以这样爱自己

你可以这样做：

关注自己的兴趣和爱好，抽时间做一些与自己的兴趣和爱好相关的事情；

学会肯定自己、赞赏自己，找到自己的特别之处；

把自己的需求记录下来，并适时满足自己的需求；

别勉强自己做不想做的事情；

别苛求自己做根本就做不到的事情；

友善地对待自己，包括自己的身体和思想；

相信自己值得被爱，并努力爱上自己；

像爱亲人和朋友那样爱自己，做自己最好的朋友。

但要注意千万别把自爱和自恋扯在一起，更不能将其和自私相提并论。自恋是盲目的，自私是可耻的，只有自爱才会带给你真正的快乐。你应该学会欣赏自己的优点，但这并不是让你去张扬、去炫耀，更不是让你自以为是，目中无人。你应该照顾自己的感受，尽量满足自己的需要，但这并不意味着你可以忽视他人的感受，无视他人的利益，而仅仅追求一己的私利，如果为此而不择手段那就更加可耻了。所以，自爱是必须的，但是自恋和自私却是要极力避免的，别让自己在不经意间走上了歧途。

关注自己的感受

我的陛下，自爱跟自我忽视比起来就算不上是什么可耻的罪过了。
——威廉·莎士比亚

你关注过自己吗？这种关注可能是身体上的，可能是情感上的，也可能是精神上的。如果你经常关注自己，那么你一定是一个自爱的人。如果你很少关注甚至从来就没有关注过，那你就需要做出改变了。你需要不时地了解自己各个方面的状况，看看自己哪些方面出了什么问题或者有什么需要，并尽快解决问题或满足需要。不要觉得这些事情不值一提，它们是非常重要的，这是在给你补充能量，让你有更多的精力去实现目标，去爱自己身边的人。就像花需要水一样，你也一样需要能量。

有了问题不去解决，对其置之不理，不但不会让问题消失，而且还会让问题进一步扩大，变得更加严重，更加难以处理。有了需要不去满足，对其视而不见，不但会让自己的生活失去快乐，而且也会让你离自己的人生目标越来越远。所以，你必须随时关注你的生活，及时发现问题和需要。如果你还不知道该如何入手、怎样关注，那么我们填写过的人生重心原则图表也许会帮上你的忙。注意其中得分较低的部分，并找到让自己不满意的原因，这其中也许就潜藏着你所遇到的问题和你的真实需要。

你可能有的问题或需要

你可能有以下问题或需要：

你的爱情遭遇了背叛；

你的配偶总是和你争吵；

你的孩子总是考试不及格；

邻居每天都回来很晚，这让你无法入睡；

你总是感到头疼；

你觉得自己的压力很大；

你想去海边度假；

你想和朋友去打高尔夫球；

你想去听一场音乐会；

你的朋友总是让你感到沮丧；

你和家人的关系逐渐疏远；

你觉得工作越来越吃力；

你喜欢一件漂亮的衣服，但是价钱很贵；

你特别怀念大学时的美好时光。

如果你是一个爱自己的人，就一定可以把上面的问题和需要处理得很好。

如果你的爱情遭遇了背叛，那就尽快忘掉那个背叛你的人吧！不要再恋恋不舍，不要再苦苦纠缠，更不要为此伤心欲绝，因为这都是对自己的摧残，会让你陷入更深的痛苦之中。振作起来，别把时间和精力浪费在那个已经不值得再爱的人身上，努力让自己快乐，这是对背叛者最好的惩罚。

如果你的配偶总是和你争吵，那么不妨找个时间与对方好好地聊一聊，打开彼此的心结。偶尔的争吵或许会促进彼此的感情，但如果总是生活在争吵之中，那就会失去所有的快乐。敞开彼此的心扉，相信你们一定可以找到最好的解决办法。

如果是孩子的考试成绩影响了你的心情，那么你应该首先弄清孩子成绩不理想的主要原因，也许你应该多抽些时间陪陪孩子，让孩子感受到家庭的温暖，并辅导他的功课，督促他学习，这样做通常会很有效。

如果你的邻居每天都回来很晚，吵得你无法入睡，那你就要找机会跟邻居说清楚。不要觉得不好意思，你的睡眠质量关系到第二天的精神状态，长期睡眠欠佳还会影响人的健康和心情，所以是绝对不能忽视的。一般人都是通情达理的，你可以告诉邻居以后回来的时候轻一些，因为你第二天还要起早，这样的方式是一般人都可以接受的，勇敢地说出来吧！不要总是委屈自己。

如果你总是感到头疼，那么建议你赶快到医院检查一下，健康是大事，别因为你的疏忽大意断送了自己的健康。

如果你觉得自己的压力很大，那么最好的办法就是让自己放松一下，暂时把手头的事情都放下，让自己透一口气，别太苛求自己。

如果你很想去海边度假，那就找个时间去吧！别总是用各种借口来拒绝自己，你有责任和义务满足自己的内心需要，而且这样的需要也并不过分。

如果你想和朋友去打高尔夫球,那就马上打个电话给朋友吧!约一个你们都方便的时间,这很容易办到,为什么还不肯满足自己呢?

如果你想去听一场音乐会,那就赶快上网关注一下近期的音乐会信息,别再拖延,别再犹豫,如果有自己喜欢的就马上订票吧!

如果你的朋友总是让你感到沮丧,那么你或许应该考虑一下让自己远离他,多和那些能让你感到振奋的朋友在一起,这样的朋友才是你真正的朋友。

如果你觉得自己和家人的关系逐渐疏远,那么你应该尽快找到疏远的原因,或许你应该多抽些时间陪陪家人,多与他们进行感情上的交流和沟通,你应该马上做这些事情。

如果你觉得工作越来越吃力,那就说明你的工作能力已经迫切地需要提高了,你可以去参加一些培训或讲座,给自己充充电,这会对你很有帮助的。

如果你喜欢上了一件价格昂贵的衣服,那就把它买下来吧!不要想太多,只要你平常不是这样奢侈。为了满足自己的需要,偶尔的奢侈算不了什么。

如果你很怀念大学时的美好时光,那么不妨找几个大学同学,共同追忆那段美好的青春岁月,在回忆之中,你会得到内心深处的满足。或者你也可以到曾经生活过的大学校园走一走,找寻你的美好回忆。

总之,我们需要多多关注自己,适时满足自己的合理需要,及时解决出现在自己身上的问题,别让自己总是处在失落和悔恨之中，也别让自己被问题困扰。做到了这些，你就会发现，原来爱自己可以让自己如此快乐，可以让生活如此美好。

倾听自己，接受自己

其实，在这个世界上的每个人都是一个财富的仓库，只不过你没有发现而已。

——哈伯德

由于外界环境的制约，很多人在生活的大部分时间里总是喜欢把自己武装起来，给自己戴上一张面具。这样的武装固然可以起到保护自己的作用，但同时却也让我们异常的疲惫。为什么不向众人展示真实的自己呢？难道以真面目示人就意味着自己要受到伤害吗？也许事情并没有你想象的那样糟糕。倾听自己的心声，你真的想过这种伪装的生活吗？还是你迫于种种压力不得已而为之呢？

为什么要武装自己，将真实的自己掩饰起来呢？是因为真实的自己不够好吗？如果是这样，那么你应该问问自己：在你的心目中，谁才是真正完美的？也许你会说出很多人的名字，也能说出他们的优点。但是你能保证自己看到的就是完整而真实的他们吗？换句话说，你了解他们的全部吗？最大的可能是你只看到了他们的一面，而且只是他们美好而辉煌的一面，但对于他们的另一面，你则知之甚少或者是完全不知。要知道，这个世界上并不存在完美无缺的人，谁都不例外。

既然每个人都是有优缺点的，那你又何苦拿自己的短处和人家的长处相比，自己跟自己过不去呢？不要把缺点视为你的眼中钉，所有人都有的东西，你又何必太在意呢？试着接受自己，先从接受自己的缺点开始，逃避和掩饰都是解决不了问题的。不要再去做这种自欺欺人的事情，它只会让你心力交瘁，疲惫不堪。

你可以是不完美的

如果你承认这个世界上并没有完美的人，那么就不要苛求自己是完美的。其实，这个世界本身就是不完美的，生活在这个世界上的每一个人和每一件事物也都是不完美的。对于这样的缺陷，我们应该坦然接受，并宽容自己的不完美。但不完美并不代表不美，"金无足赤，人无完人"，你可以是不完美的，但不完美的你却同样可以很美！

当你能够宽容自己的缺点，接受这个不完美但却很真实的自己时，你就会发现自己比以往任何时候都要轻松，都要快乐，因为你不再需要层层的伪装，你可以将真实的自己展示出来，这本身就是一件非常轻松的事情。

你应该正视自己，接受自己，这是你成就自我的重要一步。如果你觉得接受自己是一件很困难的事，那就先找找原因吧，你为什么不敢以真面目示人，是害怕出现什么样的后果吗？

你在担心或害怕什么

问自己下列问题：

你害怕朋友会看不起你？

你害怕爱人会离你而去？

你担心在下属面前失去威信？

你担心被别人伤害？

如果是上面的几种原因，那么你的担心或害怕就完全是多余的。朋友是用来交心的，如果是真正的朋友，他绝不可能因为你的某个缺点而看不起你。相反，你的朋友会因为你的坦诚、率真而对你更加信任，你们的关系也会更加亲密。

如果是共度此生的爱人，那就更不必担心，他如果是爱你的，就一定会爱你的全部，包括你的缺点。如果他因为你的缺点离你而去，那他就不是真正爱你的，失去一个不爱你的人又有什么关系呢？

如果你已经成为了一个领导者，那就说明你是有一定的经营管理能力的，你的威信是靠你的能力建立起来的，与其他无关。只要你能力出众、管理有方，就一定可以赢得下属的尊重。暴露你的缺点只能说明你是一个完整的人，并不会影响你在下属心目中的地位。

如果你认为暴露缺点会让敌人有机可乘，对你造成伤害，那么你不妨早做准备，采取有效的措施保护自己。你可以掩饰一时，但不能掩饰一世，总有一天你的缺点会被对方发现。只有你正视自己的缺点，才能想办法弥补自己的缺点，一旦你找到了有效的办法，就可以做到有备无患了。

如果你总是极力掩饰真实的自己，不但会让自己疲惫不堪，而且也会让身边的人觉得你很虚伪，这样做的后果很可能是失去别人的信任。

当然，上面列出的只是几种常见的原因，或许你还有其他的原因，找到它并解决它吧，记住，要让别人接受你，首先你应该接受你自己。

发掘心底的自信

深窥自己的心，而后发觉一切的奇迹在你自己。

——培根

其实，我们每个人都存在不同程度的自卑感，但是这种自卑是完全可以超越的。当你学会从多个不同的角度来看待自己，学会欣赏自己、肯定自己的长处以后，这种自卑就会被战胜，你心底的自信也会被挖掘出来。如果你觉得自己缺少信心，那么不妨试试用下面的方法来帮助你挖掘自信，增强信心。将你最喜欢的自己的那些特质以及别人最欣赏你的那些全都写出来，它们可以证明你是非常优秀的。

你最喜欢自己的哪些特质	别人最欣赏你的哪些特质

不要说你自己什么特质都没有。给自己一点时间，回想那些曾经让你感到愉快的经历，这些经历是否和你的某些特质有关？对自己耐心一点，你一定可以找到那些让你喜欢的特质，或者说是曾经让你感到愉快的特质。

回想一下身边人对你的评价，他们是否曾经说过欣赏你的某些特质，如果有，把它们全都写出来。如果没有或者是你已经忘记了，那么不妨去问问他们，也许其中的某些特质是你自己都没有发现的。我们常常会因为某些主观因素而忽视了自己的优点，所以征询朋友的意见是很重要的，但不要听信那些虚伪的赞美之词，以免被它们误导。

尽可能多地写下你的优点，然后让自己相信它们，告诉自己你就是这样一个拥有很多优秀特质的人。不要做任何怀疑，这个人就是你。也许这样的结果会让你大吃一惊，是不是从来都没有想过自己可以这样优秀呢？别人确实有出色的地方，他们可能在某些地方比你优秀，但是在另外一些方面却可能不如你。你的这些特质可能是让很多人都羡慕不已的，当然也是你应该为之骄傲和自豪的。

你是独一无二的

也许你觉得自己并没有什么过人的地方，你的一切都再平凡不过了，可是你能找出另外一个你吗？我们应该清楚，人从出生开始，就决定了他在这个社会上的独特价值和不可取代的历史地位。也就是说，生活在世界上的每一个人都不是多余的，每一个人的存在都具有非常重要的社会意义。你是独一无二的，没有任何人能够取代你，所以你必须做好你自己，证实自己的独特价值，在人间留下你特有的印记。

从现在开始学会欣赏自己，努力地爱上自己，好好地做你自己吧！充分肯定自己的优势和长处，不要认为你有的其他人都有，事实上，你有的其他人并不一定有，你能做到的事也有很多人都做不到。当你开始喜欢自己、欣赏自己的时候，你会发现自己的生活发生了改变，不仅自己看待问题更加积极了，而且在你的内心深处，也会产生一种巨大的力量，推动你向着自己的目标迈进。

学会对他人说"不"，对自己说"是"

既要想讨众人欢喜，又要使自己欢喜，这是做不到的。

——豪厄尔

在生活中，我们每个人都有说"不"和说"是"的权利，然而让人感到遗憾的是，很多人都忽视了这个权利，或者是没有好好利用这个权利。当别人请求你去帮他做一件事，而这件事又是你并不想做的事情时，你会对他说"不"还是说"是"呢？相信大多数人的回答都是后者，这就意味着他们必须委屈自己，忽视自己的需求。如果你希望自己的生活能有所改变，想让自己生活得更快乐、更幸福，那就要学会对他人说"不"，对自己说"是"。

有些人之所以不敢对他人说"不"，是因为把说"不"的后果想得过于严重。但实际上，不说"不"的后果往往会更严重。如果你总是违背自己的真心将"不"说成了"是"，那么其他人就会认为说"是"是你的本意，这会让他们忽视你内心的真实感受，并一而再、再而三地向你提出这样的请求。他们认为你会非常乐意接受这样的请求，因为你从来都没有拒绝过他们。而在你的内心深处，由于总是在做自己不想做的事，所以你总是感到怨恨，这会埋葬掉你的快乐和幸福，让你没有办法过你真正想过的生活。

如果你对他人说"不"呢？如果他们是你真正的朋友或者是深明事理的人，他们就会体谅你的处境，站在你的立场上为你着想，而绝不会强求你去做不想做的事情，更不会因此而记恨、埋怨你。但前提是你必须让他们知道这件事是你不想去做的。当你坦诚地对别人说"不"以后，你会变得更加轻松、更加快乐。所以，说"不"并没有什么不好，它会让你的生活发生改变，而且是向着你所希望的方向改变。

你对他人说"不"会得到什么	对自己说"不"会失去什么

把对他人说"不"和对自己说"不"的得与失进行对比，权衡其中的利弊关系，相信你会作出最明智的选择。只要你清楚自己究竟想从生活中得到什么，那么你就不会觉得对他人说"不"是一件很困难的事，因为你必须给自己足够的时间去满足自己的需要，而不是把时间和精力浪费在一些无关紧要的事情上。当然，你不可能拒绝别人的所有请求，在你的时间和精力都允许的情况下，你可以去帮助别人，这也会让你感到快乐。但是帮助别人应该有个尺度，不能什么事情都帮，也不能什么时候都帮。如果是下面的几种情况，你就要勇敢地说出"不"字。

你应该说"不"的几种情况

在遇到下列几种情况时，你可以说"不"：

当你有很多工作要做的时候；

当你感到身心疲惫的时候；

当你实在不想去做的时候；

当你有其他事情要做的时候；

当你想为自己留出一点时间的时候；

当问题与你无关的时候。

无论你在什么时候收到他人的请求，你都应该给自己一点点思考的时间，问问自己，是否想做这件事。你必须首先确定自己的真实感受，然后才能作出决定。如果你确定自己不想做这件事，那就要坦诚地告诉对方，不要绕太多圈子，直白一些，你可以直接告诉对方你现在不太方便，或者你恐怕不行等等。如果你需要找一个借口来支持你，那么最好选择能够令其他人获益的理由。在说"不"的时候，一定要态度诚恳、声音坚定，而且要看着对方的眼睛，这会增强你的信心，也可以让对方感受到你的真诚。

如果你觉得自己无法马上作出决定，那可以用一些推挽的语言来帮助自己争取更多的思考时间。比如你可以用"我需要看看我的日程安排后才知道有没有时间""我需要认真考虑一下""我需要和我的家人商量一下再答复你"等话语来为自己争取时间，然后利用这段时间确定自己的真实想法，最后再作出决定。当你开始对一些人说"不"以后，你就有了更多属于自己的时间。那么，想一想那些你非常愿意说"是"的事情吧，将它们记录下来，利用自己争取到的时间去完成这些事情。

你非常愿意说"是"的事情	开始去做的时间
如：给自己放一个长期去旅行	
如：给妈妈做一顿美餐	
如：陪着爱人去打网球	

第五章

自控力：
主宰自我，拿回人生主导权

保持自我身心健康的原则

　　一个人的身体,绝不是个人的,要把它看成是社会的宝贵财富。凡是有志为社会出力,为国家成大事的青年,一定要十分珍视自己的身体健康。

——徐特立

　　要成就自我,健康的身体是最基本的条件。没有了健康,所有的一切就都是空谈。有人用"100000……"来比喻人的一生,其中"1"代表健康,而后面的"0"则分别代表事业、金钱、权力、地位、爱情等其他的事物。如果失去了前面的"1",那么它后面的"0"也就失去了它们存在的意义。所以说,健康是人生的基石,是人进行任何社会活动的先决条件。试想,一个人如果失去了健康,那么巨额的存款、至高的地位、极大的权力对他来说又有什么意义呢?

　　随着人们生活水平的提高,健康也被越来越多的人所重视。但很多人并不懂得什么是真正的健康,以为只要不生病就是拥有健康了。其实,真正意义上的健康包括生理上的健康、心理上的健康以及拥有较强的社会适应能力。 个心理畸形的人或者一个无法适应社会环境的人，也称不上健康。要保证身心健康，我们就必须学会照顾自己，除了要保证生理上的健康外，还要培养良好的心理素质和较强的社会适应能力。

你会照顾自己吗

你应该做到以下几点：

你每天按时进餐；

你坚持每天进行10分钟的锻炼；

你很懂得合理搭配饮食；

你会选择健康的食物；

你很少吃零食；

你很少熬夜；

你会按时起床，从不赖床；

你不会让自己过度劳累；

你不会苛求自己做不想做的事情；

你会为自己安排放松休闲的时间；

当感到身体不适时，你会尽快就医；

你会定期到医院体检。

如果你做到了这些，那么你就基本可以算是一个会照顾自己的人。我们说过，要爱别人，首先要学会爱自己。同样的道理，要照顾别人，首先也应该学会照顾自己。

生活在世界上的每一个人都不是孤立的，我们需要他人的照顾，同时我们也应该去照顾别人。一个会照顾别人的人，总是会赢得更多的尊重和爱，而要学会照顾别人，首先就要从照顾自己开始。

如果你还是不知道该从何做起，那么不妨将其进一步细化，落实到每天的计划之中。早上当闹钟响起的时候，你应该马上起床，而不要在床上耗费时间，不要给自己的懒惰找任何借口。起床后去洗脸刷牙，然后吃早饭。早饭是一定要吃的，而且要吃得有营养，因为这关系着你一上午的精神状态，而人在上午的工作效率通常是最高的。想一想，如果你赖在床上10分钟，那么你就没有了吃早饭的时间，这不仅影响了身体的健康，而且也会耽误你上午的工作，这显然不划算。

到了公司以后，要认真去完成自己的工作，不要拖延，以免太多的工作积压在一起给自己造成压力。无论工作怎样繁忙，到了吃饭的时间都要马上去吃饭，而且吃饭的时候不要想着工作，更不能边工作边吃，这样对健康的危害是很大的。要努力让工作成为自己的乐趣，而不是负担。你必须关注自己的感受，不要做自己不想做的事情，也不要做超出自己能力以外的事情。当你发现有些事情确实是自己无法做到或者是没有足够的时间来完成它的时候，不妨请同事来帮助你，不要苛求自己。适当给自己放假，做一些轻松愉快的事情，这很重要。

每天要给自己安排至少30分钟的运动时间，尤其是经常对着电脑的上班族们，久坐不动的工作方式对健康是非常不利的，所以，无论怎样忙碌，都必须坚持运动。如果不是非熬夜不可，那就一定要按时入睡。保证睡眠时间和睡眠质量，才能拥有充沛的精力，才能把第二天的工作完成得更好。更何况人体的各个器官也都需要休息，总是让它们太过劳累对健康是非常有害的。如果身体确实不舒服，那就不要再坚持工作了，到医院去检查一下，尽早治疗，毕竟跟其他事相比，只有健康才是真正的大事，是忽视不得的。

完成你的人生重心原则图表

经过这段时间的训练，相信你的生活已经发生了明显的变化，你是否也在为此而欣喜不已呢？你不觉得做真实的自己更轻松也更容易吗？完成下面的人生重心原则图表，感受自己所发生的惊喜变化，它会继续激励你向着自己的理想生活迈进。

	1	2	3	4	5	6	7	8	9	10
爱情										
配偶										
家庭										
家居										
健康										
休闲										
享乐										

精神								
友情								
敌人								
自我								
事业								
创造力								
金钱								
名利								

面对压力该怎么办

面对短暂、适度的压力时,有意识地放松有助于清醒思考。

——萨波斯基

压力是现代生活的副产品,是我们所处的这个时代的代名词,是我们每天都要面对的。压力可以来自工作、家庭、情感,也可以来自生活。如果按照性质来分,可以把压力分成生理性压力(如受伤所造成的压力)和心理性压力两种。我们经常要面对的压力主要是心理性的压力。有人将压力比做琴弦,如果绷得太紧,就容易拉断；如果过松，又无法弹奏出美妙的音乐。这就要求我们在面对压力时要把握好尺度，既不能让自己过度放松，也不能让自己承受太大的压力。面对压力，我们必须有一个正确的态度。

提到压力，大多数人都是排斥的，但我们应该清楚，我们每天都生活在压力之中，要完全摆脱压力是不可能的，而且压力也并没有你想象得那样坏，正常情况下的压力对人是起着积极作用的。如我们在考试之前都会出现精神紧张的现象，这就是压力的一种表现形式，这种压力对人是没有害处的，它可以集中人的精神，使人在考试中发挥得更好。如果没有压力，人就不会追求进步，社会也就不会向前发展，这样的生活简直是不可想象的。所以说，我们要正视压力，而不能排斥压力。

当然，人们最常遇到的麻烦还是压力过大。压力过大会给人的身心健康都带来危害，长期处于巨大压力之下的人还可能会患上多种疾病，如心脏病、高血压、肥胖症和忧郁症等。压力也可以使人产生失眠、容易疲劳、头痛等不适，压力过大是严重影响健康的。要照顾好自己，我们就要学会为自己减压，注意调节自己的情绪，别让自己背负过大的压力，更不能让自己长期处于压力之下。而要迅速地减小压力，你还必须清楚是什么让你产生了压力，这是至关重要的问题。

是什么让你产生了压力

让你产生压力的原因可能有以下几种：

生活中突如其来的变化；

自己的那些不切实际的幻想；

希望拥有更多的金钱；

自己不是公司最出色的员工；

情感危机；

得不到别人的肯定；

总是有做不完的事情；

总是面临很多选择。

在你找到压力的来源以后，减压就变得容易多了。不管你的压力是如何产生的，减压的办法都是要放下你的思想包袱，转变你的想法，端正你的态度。总的来说，现代人的压力大多都来自工作、经济、情感和家庭。要克服工作上的压力，就要做到不和人攀比，不要整天想着谁比你强，谁比你的业绩好，过度的攀比只会加重自己的心理负担，带来更大的压力，反倒会影响工作。要克服经济上的压力，就要做到知足，不要羡慕别人的汽车、洋房，自己有一个温馨的家比什么都重要；金钱是生活之本，但过多的金钱对人来讲并没有什么意义，身体健康才是无价之宝。

要克服情感上的压力，就要做到包容和理解，多去想对方的优点，体谅他的处境，多站在对方的立场上考虑问题；对于别人的过失，不要抓住不放，要给予包容和理解，这样你才能获得别人的尊重和友爱。要想克服家庭的压力，就要做到爱和感恩，你的家人需要你的爱，无论工作有多忙，都要抽出一定的时间来陪陪爱人、陪陪孩子；另外还要懂得感恩，感激他们给了你一个幸福的家,让你有了一个温暖的港湾,一个可以停靠的码头,一个可以遮风避雨、充满爱的天堂。

另外,如果你常常因为生活中的一些小麻烦或小变故而产生压力,那么提前做好准备就是应对压力的有效办法。比如多朗诵几遍演讲稿、提前到达飞机场、把重要的文件都备份、完成当天要做的事等等。当然,不同的人对于压力的承受力是不同的,只要在你的承受范围以内,你就没有必要想办法去克服它,因为适度的压力对你是有好处的。所以,并不是所有的压力都要去克服,也不是所有的人都需要减压。

减压不等于放纵

有些人经常以压力太大为借口,遇到一点困难就退缩不前,这其实与减压没有什么关系,而是他们逃避现实、害怕挫折的表现。也有些人总是觉得自己有压力,需要放松,于是他们连续几天不工作,尽情地吃喝玩乐。减压是放松自己,而不是放纵自己,我们不可以因为生活中一点小小的压力就由着自己的性子胡来。这样不但达不到减压的目的,还会使人变得懒散,养成多种不良的习惯,有害身心健康。

除了自己要在思想上战胜自己以外,还有两个减压的良方:一个是友情,一个是有益的兴趣和爱好。萨波斯基博士说:"人与人的接触、朋友的支持,似乎是降低压力最有效的方法。"如果我们的身边有几个知心的好友,彼此鼓励,彼此扶持,能够一起畅谈人生、畅谈理想,那么就会大大减少内心的压力,使我们不至于被长期的压力压垮。广泛的兴趣爱好则可以有效地放松身心、舒缓压力，使人达到忘我的境界。如集邮、打拳、养花、下棋、弹琴等都可以达到减压的效果；另外，适当的运动也可以大大减缓压力。

需要注意的是，在有压力时，千万不要轻易服用药物。要知道，是药三分毒，在没病或能够自我调节的情况下，我们是不主张吃药的。况且由于压力所导致的失眠、心慌等症状是无法通过吃药来根除的，而且这种药一般都有副作用，在第二天还会出现精神萎靡的现象。如果长期服用药物，还会产生依赖性，使人自身克服压力和自然睡眠的能力消失，并且在停药后还会出现一系列不良反应。我们要相信自身的能力，我们是可以通过调节自己的心态来减压的，不到自我无法调节时，就千万不能服用药物。

回顾你的生活方式

早睡早起会使人健康、富有和聪明。

——本杰明·富兰克林

在了解了身体的需要以后，你需要回顾一下你的生活方式，看看自己是否满足了身体的这些需要。另外，你还需要看一看自己是不是做了一些加重身体负担的事情，比如说过量饮酒、经常抽烟等不良的生活习惯。回顾一下你的生活方式，你会知道该如何去做。

想想你的生活方式是怎样的：

你如何安排你的一日三餐？

你何时入睡？睡眠质量如何？

你都进行哪些锻炼？多长时间进行一次？

你吸烟吗？

你饮酒吗？

你怎样呼吸？

你的排便情况如何？

你怎样洗脚？

你在户外停留的时间有多长？

你的饮食方式与你的健康有着密切的关系。所有的食物都可以补充能量，但却并不是所有的食物都能促进健康。不同的食物含有不同的营养物质，你应该根据自己的体质选择最适合自己的食物。从一般意义上来讲，则要注意一日三餐的合理搭配，做到早餐吃饱、午餐吃好、晚餐吃少。这是一般的饮食规律，对大多数人都适用。另外，还要少食辛辣、油腻的食物，少摄取盐分，以免给内脏造成伤害；多吃蔬菜和水果，补充维生素等。

一定要保证充足的睡眠，只有让身心都得到充分的休息，才能使人保持旺盛的精力，全身心地投入到工作和生活之中。睡眠的时间并没有什么明确的规定，以第二天不出现身困力乏、头脑晕沉、思维混乱等症状为准。一般以每天睡7～8个小时为宜，且入睡的时间最好不要超过11点。但如果在你入睡的过程中总是做梦或者无法深度睡眠，那么即使保证了睡眠时间，你的睡眠也是不合格的。如果是这种情况，你就需要想办法来提高自己的睡眠质量。

"生命在于运动"，健康与运动是分不开的，适度的运动可以增强人的脏腑功能，让人体力充沛、精神焕发，是保持青春、健康长寿的秘诀之一。你是否能坚持每周至少运动4次呢？你所选择的运动种类是否符合你的身体情况呢？你运动的时间是否过长或过短呢？这些问题都是你必须要考虑的。一般以自己不感到劳累为宜，切不可勉强。尤其是心脏不好的人，更不能做剧烈的运动，因为剧烈的运动很可能给心脏造成负担，引发心脏病。运动虽好，但必须要根据自身的状况，量力而行，这样才能达到运动的目的。

香烟中含有1200多种化学物质，其中对人体有害的就有300多种，以尼古丁、焦油、一氧化碳以及其他的一些致癌物质对人体的伤害最大。进入体内的尼古丁可刺激交感神经，使心跳加快、血压升高；焦油可刺激气管，导致气管炎等呼吸系统疾病；一氧化碳可促使动脉粥样硬化累积、妨碍氧气输送、加速人体老化。此外，吸烟还可以使人体的血管发生痉挛，造成局部器官供血不足，养分和氧气供应不上，人的抵抗力也会随之下降。如果你希望你的身体能更好地工作，那就一定要远离害人的香烟。

相对于吸烟来说，饮酒似乎要名正言顺得多。酒作为一种精神载体，经常出现在各种场合，亲朋相聚、工作应酬、接风饯行、排遣忧愁、红白喜事等种种场合，都是离不开它的。可正因为这样，也造成了诸多的悲剧。少量饮酒不仅对健康无害，而且还是有利于身心健康的，但是如果过量饮酒，甚至酗酒，则是有百害而无一利的。酒不是不能喝，而是不能喝得过多，否则就会给你的肝脏造成过重的负担。为了你的身体，你必须要把握好这个度。

呼吸是我们获取氧气的主要渠道，而氧气又是我们赖以生存的营养元素，没有了氧气，我们就无法生存；如果供氧不足，还有可能导致各种疾病。呼吸当然每个人都会，但却未必每个人都会正确地呼吸。只有正确地呼吸，才能使我们更健康、更长寿。如果我们呼吸的方式不正确，就会导致细胞供氧不足，危害人的身心健康。什么样的呼吸方式才是健康的呢？用腹部的膈肌来呼吸，而不是胸部或背部；用鼻子来呼吸，而不是用嘴；控制呼吸的频率，控制在每分钟15次以内；每天进行几次深呼吸。这些你都做到了吗？

通常情况下，人每天摄取的食物与排出的粪便是保持着动态的平衡的。摄取营养，排出废物，这样才能保证机体的正常运转，保证身体的健康。排便过多会使人体失去养分，排便过少会导致毒素在体内蓄积，很容易引起疾病。排便过多通常是由腹泻引起的，而排便过少则是便秘的表现。如果出现了腹泻或便秘的情况，就要及时采取办法控制，以免对健康造成危害。

人的双脚是气血运行的起始点，聚集着众多的经脉和穴位，人的五脏六腑在脚上都有相应的反射区，所以，洗脚的方式与你的健康也是息息相关的。怎样洗脚才最有利于健康的呢？我国有一句"热水洗脚，胜吃补药"的古话，这是很有道理的。用热水洗脚，可以刺激脚上的穴位，对于促进血液循环、舒经活络、颐养脏腑都起着积极的推动作用，它的疗效甚至比药效还要好。如果你以前不是用热水洗脚的，那要赶快改正过来。

计算一下你每周有多长时间是在户外度过的呢？恐怕是少得可怜吧？即使在户外，有些人也会把自己全副武装起来，不给身体和阳光亲密接触的机会。其实，我们的身体是需要阳光的。当阳光照射到皮肤上的时候，我们的体内会合成维生素D；如果阳光照射不足，就会造成体内的维生素D缺乏，从而引起许多疾病。因此，阳光照射不足的人发生各种疾病的概率也比较高。当然，经常暴露在阳光下也是不妥的，因为阳光中的紫外线会对皮肤造成伤害。所以，你应该掌握好与阳光接触的时间。

别让自己太累

> 疲劳是激情和活力的蛀虫,休息是滋养疲乏精神的保姆。
>
> ——莎士比亚

努力工作是好事,但如果太过努力,让自己疲惫不堪,那就变成坏事了。很多人都不把疲劳当回事儿,即使自己已经很累了,也仍然在坚持工作。该用什么样的词语来形容这些人呢?敬业吗?可能是有一些,但更多的则是无知。要知道,人在过度疲劳的状态下,脑力和体力都严重透支,这时的工作效率是非常低的。正常情况下只要半个小时就可以完成的工作,这时却需要两个小时甚至半天的时间才能完成。你是更在乎工作效率还是更在乎工作时间呢?

此外,过度疲劳对健康的危害是非常大的。如果人的身体和大脑长期处于紧张、疲劳的状态之下,就会使人的神经、内分泌以及免疫系统功能受到影响,从而导致慢性疲劳综合征。这是一种亚健康状态,没有什么明显的症状,即使到医院检查也不会有什么结果,但它却是人类健康的隐形杀手,也是引起生命质量下降的潜在诱因。它可以导致潜藏在体内的疾病迅速恶化,甚至严重者会出现当场死亡的现象,也就是我们通常所说的"过劳死"。所以说,如果你在乎你的身体,就千万别让自己太累。

你有以下状况吗

想一想你是否有以下状况:

经常感到疲倦,忘性大;

酒量突然下降,饮酒没有滋味;

突然感到衰老;

肩部和颈部发木;

因疲劳和苦闷而失眠;

有一点小事就烦躁;

经常头痛和胸闷;

患有高血压、心脏病,心电图不正常;

体重忽然减轻;

几乎每天晚上都要聚餐饮酒;

不吃早饭;

吃饭时间不固定;

喜欢吃油炸食品;

每天吸烟 30 支以上;

晚上 10 点还不回家,或大部分晚上 7 点才回家;

上下班单程时间在两个小时以上;

最近运动时爱出汗;

自我感觉良好而忘我地工作;

每天工作超过 10 个小时;

星期天也上班;

夜班多，上班时间不规律；

经常出差，每周仅在家两三天；

近期有工作调动或工作变化；

升级或工作量增大；

最近加班时间有所增加；

人际关系变坏；

近来工作常有失误或与同事不和。

上面的内容是日本公共卫生研究所列举的 27 种过度疲劳的症状及引起过度疲劳的因素，你可以用它来帮助你了解自己目前的身体状况。在这 27 个选项中，如果你占了 7 项以上，那就是过度疲劳危险者；如果占了 10 项以上，就有可能危及生命。即使占不到 7 项，但在 1~9 项中占了两项以上，或者是在 10~18 项中占了 3 项以上，也同样属于过度疲劳危险者。如果出现了这样的状况，就一定要及时调整，以免引发疾病。

学会主动休息

所谓主动休息，即是指在未产生疲劳感之前就主动进行休息，这是避免过度疲劳的最佳方法。我们每个人都有一个疲劳的阈值，也就是自身所能承受的工作时间、工作强度以及工作难度的最大值。人体在劳动的时候，新陈代谢会加快，乳酸、二氧化碳等代谢产物也会随之增多，这些是产生疲劳的物质基础。如果这些物质没有达到疲劳阈值，人体就不会产生疲劳感，且通过短暂的休息便可以将这些物质清除。但如果超过了疲劳阈值，就会使人产生疲劳感,而且要花费较长的时间才能清除掉这些疲劳物质。所以说,在未产生疲劳感之前就休息是避免过度疲劳的最好办法。

据报道:在美国的一家钢铁公司,管理人员惊奇地发现,如果让一个工人连续工作8个小时,那么他在装上12.5吨生铁后,便已经筋疲力尽了。可是如果让他每劳动半小时后就休息一会儿,这位工人居然在8个小时内装了47吨,而且直到下班的时候还没有疲劳感。由此可见,在疲劳前主动休息,不仅可以避免疲劳,还可以提高工作效率。但如果你已经出现了过度疲劳的现象,那就要采取相应的措施来缓解,以免给身体造成更大的危害。

缓解过度疲劳的方法

缓解过度疲劳的方法有以下几种:

睡一个饱足的好觉;

开怀大笑;

食用富含维生素C的食物;

喝些蜂蜜。

专家指出,睡眠是治疗过度疲劳最好的方法。睡一个饱足的好觉,可以大大减轻人的疲劳感。开怀大笑也是缓解疲劳的良方,据报道,一分钟的开怀大笑可以使身体得到45分钟的放松。另外,维生素C具有减弱疲劳感并缩短疲劳时间的功效,因此应该多食用一些富含维生素C的食物。蜂蜜中含有大脑神经元所需要的能量，而且可以很快被身体吸收，改善血液的营养状况，因此，喝点蜂蜜也是一个不错的选择。

寻找你的平衡生活

最好也是最安全的生活状态是保持平衡，并知晓我们周围和我们自身的巨大力量。如果你能达到这种状态，那么你确实是一位智者。

——欧里庇得斯

看看你刚刚填写过的人生重心原则图表，它正在接近平衡状态吗？最理想的图表是每一项都达到 10 分，这是我们每个人都应该去追求的。

我们在介绍图表的时候就说过，给自己生活中的各个部分打分要依照自己的标准来衡量，每个人的评分依据都是不同的，你要根据你自己对这一部分的满意度来进行打分。即使你和其他人的分数是相同的，但你们的生活也不会是相同的，因为评判依据是有差别的。我们所做的只是要寻找自己的平衡生活，而不是向任何人看齐。

你的平衡生活什么样

回答下列问题:

你想拥有什么样的爱情?

你希望配偶是一个怎样的人?

你理想中的家庭是什么样的?

你想拥有怎样的居住环境?

你的健康状况有哪些地方让你担忧?

你想怎样打发你的空闲时间?

你想怎样享受生活?

你要用什么来充实你的精神世界?

你渴望拥有怎样的友情?

你希望和敌人保持怎样的一种关系?

你希望以什么样的方式来对待自己?

你希望在事业上取得多大的成就?

有多少财富会让你感到满足?

你对名利有什么样的要求?

认真思考上面的问题,写下你心中的答案,它会帮助你找到你的平衡生活。当你图表中的各项都达到让你满意的程度以后,你就获得了属于你的平衡生活。如果你的图表不那么平衡,那么你就要从得分较低的部分入手,以获得你理想中的平衡生活。当然,你必须首先找到让你的生活不平衡的原因,从根本上加以改善,这样你所得到的平衡生活才能有所保障。当你的生活重心特别倾向于某一部分时，你的生活就会失去平衡，而导致生活失去平衡的原因很可能是恋爱、工作、生病或者是带孩子等。

如果你正处于恋爱期，那么你的生活可能完全被爱情填满了，这会让你忽略了生活中的其他部分；如果你这段时间工作特别忙，这会使你无暇顾及其他的事情，而只是一心扑在工作上；如果你生病了，那么你的精力就会重点放在养病上；如果你的家中有一个幼小的孩子，你每天必须花大量的时间去照顾他的生活，这也会占用你很多的时间。我们应该清楚，这样的生活是不平衡的，所以你必须有意识地去改变它，让你的生活重新平衡起来。

也许你会觉得要获得理想的平衡生活是一件很困难的事，因为你总是有很多事情要做，这使你不得不忽略生活中的某些部分。其实，完全的平衡并不存在，因为你的精力是有限的，每天都会有很多你必须要做的事情在等着你，这些事情占去了你大部分的时间，剩下的可以由你自己支配的时间并不多。所以说，要获得时间的平衡是根本不可能的。但我们所追求的平衡并不是时间的平均分配，而是让自己的内心得到满足。也许你一个月只进行一次旅行就可以让你很满意，所以你每个月抽出一天的时间去郊外走走就可以了。当你对生活中的各个部分都感到满意的时候，这就是平衡的表现。

如果你的生活已经处于一种平衡状态，那是不是维持现状就可以了呢？不是的。我们应该知道，我们的需求是不断变化的，也许这段时间让你觉得满意的，过段时间后就不再觉得满意了，现在适合你的将来也未必会适合你。也就是说,你的评判标准是会发生变化的,这可能是受到了生活中某些事物的影响,也可能是受了某些人的影响,还可能是你个人的思想忽然间发生了转变。一旦你的评判标准发生变化,你对生活的满意度就会有所改变,原本平衡的生活当然也就无法再维持平衡了。所以说,你需要定期填写人生重心原则图表,以便你及时了解自己的生活状况,及时对自己的生活进行调整。

别让生活混乱

世界上最沮丧的事情莫过于永远花时间在一件总也完不成的任务上。

——威廉·詹姆士

为什么你的计划不能付诸实践呢?问题究竟出在哪儿呢?也许问题就出在混乱上。当你的生活开始混乱时,不仅会让自己陷入疲于应付之中,还会使原有的计划受到干扰,平衡的生活自然也就无法得到保障了。所以说,要让生活平衡,就一定要消除混乱。

也许你还不清楚自己的生活是否混乱，那就用下面的方法检验一下吧。

你的生活混乱吗

问自己下列问题：

你总是面临很多选择吗？

你总是无法专注于当前的事情吗？

你经常想起那些失败的经历吗？

你总是感到很疲惫吗？

你的工作效率很低吗？

你总是有忙不完的事情吗？

如果你的答案是肯定的，那么你的生活很可能已经处在混乱当中了。太多的选择会让你失去主见，难以把握生活的大方向；无法专注于当前的事情说明你总是胡思乱想，而太多的事情则会让你的思维混乱；失败的经历是你前行的绊脚石，经常想起它们会打乱你所有的计划；如果你总是感到疲惫，那就说明你的生活严重失衡；如果你的工作效率很低，那就说明其他的琐事影响了你的工作；如果你总是有忙不完的事情，那就说明你的生活没有重心，不分主次。所有这些都会导致生活的混乱，让你的生活失去平衡。

要消除混乱，首先应该找到混乱的原因。如果是太多的选择让你混乱，那么你或许应该学会如何来面对选择。当面临选择的时候，不要总是犹豫不定，要知道，如果你总是作不出选择，那么你的宝贵时间就会在你的犹豫中浪费掉了。果断地作出选择,不要想太多,尊重你内心的真实想法,该做的就去做,不该做的就交给别人去做或者干脆拒绝。如果你能果断地作出选择,你就会发现自己的时间比以前充裕了不少,这就是混乱被消除的表现。

如果你的混乱是无法专注造成的,那么不妨翻回到前面的章节,让自己专注到当前的事情上来。只有每次做一件事,才能让你理清头绪,避免混乱。做着这件事的同时又想着其他的事情,结果只能是所有的事情都做不好,而且还会搅乱你的生活。

如果你的混乱是那些失败的经历造成的,那么不妨多想想自己所取得的成就,要坚信自己可以把事情做好。当你想到那些失败的经历时,翻回到前面的章节,看一看你的成就,它会帮助你重燃信心,坚持把事情做完。

如果你的混乱是因为生活失衡造成的,那么你就需要多花一些时间在那些被你忽略的部分,让生活重新平衡起来。当你的生活平衡后,你的疲惫自然也就消失了。

如果你的混乱是生活中的琐事造成的,那么不妨让别人来帮助你处理这些琐事,或者你可以每天用固定的时间来处理它们。比如你可以让爱人去买菜、让孩子自己回家、每天花10分钟的时间清理家里的一个部分等等,这些做法都可以帮助你摆脱琐事的困扰,让自己轻松起来。

如果你的混乱是因为失去重心造成的,那就要重新找到自己的生活重心,然后制订计划,别让自己偏离重心。至于脱离重心的事，则要懂得放弃。

消除混乱的方法

消除混乱的方法有以下几种：

根据你的人生目标建立日程表；

别让时间在优柔寡断中溜走；

把权力外放，让身边的人来帮助你；

别把时间浪费在无关紧要的琐事上；

学会合理地拒绝别人；

懂得适时放弃。

也许你还会有更好的方法来消除混乱，把它们全都写出来，当你感到混乱的时候，利用这些方法来帮助你消除混乱。如果你觉得这些方法都不管用，那么不妨试试起得早一点，用更多的时间来避免混乱。当你开始消除混乱时，你会感到自己变得更加自由，更加轻松，你会更加积极地面对生活。当那些你不想见的人、不想做的事以及你不想要的混乱思想在你面前统统消失的时候，你会享受到前所未有的畅快感觉，你会有更多的时间来做你喜欢的事，与你喜欢的人打交道，你会觉得自己的人生更有意义，这才是真正的人生。与此同时，你的生活品质也在不断地提升。

坚持下去，让它成为你的一个习惯，这必然会让你受益无穷。当你消除了混乱以后，你就为自己创造了一些时间，这些时间你可以用来做所有你想做的事情。充分利用好这块被重新开辟出来的净土，它是翻开你人生新的一页的绝佳机会，也是你成就自我的有效途径。将你一直想做但还没有做的事情全部写出来，并将它们提上日程，一件一件地去做。

你一直想做的事情	开始去做的时间

学习力:
成为一个有价值的知识变现者

开发潜能,提高竞争力的原则

> 人生实在奇妙,如果你坚持只要最好的,往往都能如愿。
> ——毛姆

随着社会的快速发展,市场竞争也是愈演愈烈,要适应社会的发展,在激烈的竞争中脱颖而出,就必须想办法提高自己的竞争力。但是究竟该如何提高竞争力呢?其实,要提高自己的竞争力并不是什么难事,只要挖掘出我们自身的潜能就可以了。

不要忽视自己的潜在能力,当你学会开发和利用潜能时,你一定会取得更大的成功。

开发利用你的宝藏

每个人的体内都蕴含了巨大的能量,它就像一座取之不尽、用之不竭的宝藏,总是能带给发现它的人惊喜。但遗憾的是很多人都没有意识到这一点,因为这种能量潜藏在我们的潜意识中,具有一定的隐蔽性,所以我们虽然拥有这种能力,但却常常忘了使用它。这座宝藏只有被开发利用起来,才能发挥它的巨大作用,实现它的价值。所以,我们必须学会开发和利用潜能,这样才能让我们的能力得到充分的发挥,帮助我们成就自我。

你知道你的潜能究竟有多大吗?有一点是可以肯定的,那就是人的潜能要比你想象的大得多,你甚至可以说它是无穷的。比较常见的情形是:当你认为自己已经达到极限的时候,其实那并不是你真正的极限。比如在一次旅行中,你已经连续走了很多山路,直到你的双腿都没有了力气,于是你认为自己走不动了,可是这时后面忽然来了一只老虎,你肯定再也顾不得自己有多么累了,拔腿就跑,而且跑得比你平时的速度还要快。其实,我们常常会低估自己的潜能,但在外力的推动下,这种潜藏的能力又会被释放出来。

既然我们的体内蕴藏着如此巨大的能量,不加以利用就有些可惜了。别说你做不到,事实上,只要你想做到,并相信自己能做到,那么你就会做到。没有谁是天生就注定要成功的,有些人能够成功是因为他们开发了自己的潜能。当一个人抱着积极的心态去开发自己的潜能时,他就会有用不完的力量,当然也就非常容易取得成功。那么如何开发自己的潜能呢?下面介绍了几种开发潜能的方法,希望能对你有所帮助。

开发潜能的方法

开发潜能的方法有以下几种:

正确地认识和评价自己;

用积极的思想武装自己;

学会放松;

积极的想象。

一个人的潜能与他的兴趣、价值观、能力、个性等因素有着密切的联系，当这些因素有机地结合在一起时，潜能就会被开发出来。当你去做你自己感兴趣的、你认为值得去做的、你有能力做并且适合你做的事情时，你就会把它做得更好，你所取得的成就也会越大。因为在做这种事情的时候，你的潜能会更充分地发挥出来。所以说，正确地认识和评价自我是很重要的。

人的行为都要受到思想的左右，积极的思想能让人更加积极地面对生活、迎接挑战，消极的思想则会让人自怨自艾、碌碌无为。我们每天都要接受大量的信息，其中有积极的也有消极的，这就要求我们要主动去接受那些积极的信息，排除那些消极的信息，这样你的思想就会越来越积极。当一个人总是积极的思考问题时，他的潜能就会被激发出来。如果你产生了消极的想法，那就按照前面介绍的方法将消极的想法转换成积极的想法，并让自己相信这就是自己的想法，坚持下去，你的想法就会越来越积极了。

在困境中，人的潜能很容易被激发出来，但是人不可能总处于困境之中。事实上，适当的让自己放松也可以激发人的潜能，因为在放松的状态下，大脑运作得更快、更顺畅，有利于人的学习和思考。所以，适当地让自己放松也是很重要的，前面已经介绍了自我放松的方法，照着去做吧。

当人总是想象自己能够成功，并将想象具体化、形象化，那么他就会取得成功。

除了上面介绍的方法,你也可以自己去发现能够开发潜能的方法,只要细心留意自己的变化,这并不难发现。在你忽然有灵感或者忽然做了超乎自己能力的事情时,这就是你的潜能被开发出来了。留意这些瞬间,你就会找到开发潜能的有效方法。

完成你的人生重心原则图表

又到了检验训练成果的时候了,完成这一章的人生重心原则图表,看看自己是不是又有进步了呢?即使没有明显的进步,你也不要过于心急,坚持训练下去,一定会有所收获的。

	1	2	3	4	5	6	7	8	9	10
爱情										
配偶										
家庭										
家居										
健康										
休闲										
享乐										

精神								
友情								
敌人								
自我								
事业								
创造力								
金钱								
名利								

了解你的能力与智力

智力取消了命运,只要一个人在思考,他就是自主的。

——爱默生

能力指的是人们在顺利完成某一活动中所表现出来的心理特征。需要注意的是,并非所有在活动中表现出来的心理特征都是能力,只有那些完成活动所必需的、对活动效率有直接影响的,并保证活动顺利进行的心理特征,才能称之为能力。也就是说,能力与活动是密不可分的。如果没有具体的活动,人的能力就得不到表现，当然也不可能得到发展。所以，要了解你的能力，就要进行相关的活动。

能力与智力有什么不同呢？其实，智力就是一般意义上的能力，是能力的核心，具有很强的普遍性。除了智力之外，能力还包括特殊能力。所谓特殊能力，指的就是在从事某些特殊职业或专业时所需要的能力。这里我们只探讨一般意义上的能力，也就是智力。了解你的智力，将会帮助你找到在智能上的优势和劣势，这样你就可以取长补短，有效地利用智能优势，有针对性地锻炼智能劣势，从而使你的智力有所提高。认真进行下面的测试，它会帮助你了解你的智力情况。

你的语言能力如何

读下列内容，看与你是否相符：

你喜欢讲故事给其他人听，大家也很爱听你讲故事；

你写的文章要比同龄人更具感染力；

你能很快记住陌生的人名和地名；

你很喜欢读书，并喜欢一切与文字有关的游戏；

你很少写错别字；

跟理科相比，你更喜欢文科；

你能说服别人同意你的观点。

你的逻辑思维能力如何

读下列内容，看与你是否相符：

你很看重做事的程序,而且做事情一向很有条理;

你很喜欢象棋、五子棋等策略性游戏;

你喜欢把事物分门别类或分成等级;

你喜欢看一些逻辑推理的悬疑片或小说;

你很喜欢探究事物的规律、形式和逻辑顺序;

你的心算能力很好;

你很喜欢进行过程复杂的思考。

你的视觉空间能力如何

读下列内容,看与你是否相符:

你对图形特别敏感,甚至一闭上眼脑海中就能浮现出很多图形;

对于图解的材料,你能理解和记忆得更好;

你喜欢玩拼图、积木、走迷宫等游戏;

你喜欢画画,并能用简单的图画来说明事物;

跟同龄人相比,你更懂得如何去欣赏美术作品;

你觉得几何比代数更容易学习;

你的方向感很强,即使在陌生的地方也很少迷路。

你的运动能力如何

读下列内容,看与你是否相符:

你的表情很丰富,甚至可以用各种各样的表情来传达你的想法；

在与别人交谈时，你常常会用手势和肢体语言；

你喜欢体育运动，因为你觉得那是一件很有趣的事；

你喜欢将物品拆开之后再重新组装；

你喜欢户外活动，你很难忍受在家里坐太长时间；

你的身体协调能力比同龄人更好；

编织、刺绣等手工活儿，你很快就能学会。

你的音乐能力如何

读下列内容，看与你是否相符：

你很喜欢唱歌，而且唱得很好听；

你会弹奏至少一种乐器；

你喜欢听音乐，而且在你的脑海中总是会出现某种熟悉的旋律；

你能够听懂音乐所表达的深层意思；

如果别人唱歌有唱得不准的地方，你很轻易地就能听出来；

你喜欢自己编曲填词；

跟着音乐，你总能打出正确的节拍。

你的人际交往能力如何

读下列内容，看与你是否相符：

你很喜欢和朋友在一起玩耍、做游戏；

你会给你的朋友提意见，也会接受朋友给你提出的意见；

你很会察言观色，从别人的表情和语气，你就能判断出对方是不是喜欢你；

在遇到困难时，你喜欢找朋友帮助你一起解决，你也非常乐意帮助朋友解决他们的问题；

你很少感到孤单和寂寞；

你很会关心人，也经常考虑其他人的感受；

你喜欢参加各种活动，因为在人群之中你会感到很舒服。

你的自省能力如何

读下列内容，看与你是否相符：

遇到问题时，你会静下来认真思考问题；

你喜欢从各种渠道了解自己，弄清自己的优缺点；

你喜欢一个人工作、玩耍或学习；

犯了错误，你会马上进行自我反省，找到问题的根源，避免再犯同样的错误；

你很清楚自己想做什么、能做什么；

你很自信，也很自强，从不依赖别人；

你喜欢一个人静静地反思自己做过的事，不喜欢热闹的人群。

上面的7个部分测试的是你的7种能力，每一个部分都有7个选项，如果在这7个选项中，你的情况与其全部吻合或大部分吻合，那么你的这种能力就是比较强的，这种能力就是你的智能优势，应该更好地利用。如果你的情况与选项中的内容全都不吻合或者只有一两个吻合，那么这种能力就是你的智能劣势，应该加强锻炼。比如说你的人际交往能力比较强，那么在工作或学习的时候，你就可以采取小组作业、群体活动的方式，这将提高你的工作和学习效率；如果你的音乐能力比较弱，那么你可以利用走路或坐车的时间听听音乐，这对于提高你的音乐能力也是很有帮助的。

重视直觉的重要作用

> 如果你想走上致富之路，那么你最好能够培养一种灵敏的第六感。
> ——拿破仑·希尔

在很多人看来，直觉都是很神秘的，因为到目前为止，还没有人能够对直觉进行科学的解释和说明。尽管没有科学的理论做支撑，但人们还是依靠直觉做了很多事，比如说门捷列夫的化学元素周期表、瓦特的蒸汽机、斯皮尔伯格的影片《ET外星人》等都是受到了直觉的启发。直觉是每个人都有的一种感觉，它会在事情发生之前告诉你将要发生什么，但并不是每个人的直觉都是准确的。

如果一个人的直觉非常敏锐，总是能预感到将要发生的事情，那么他成功的可能性就会非常大。科学家们认为，在人脑的某个地方，存在着接收预感微波的功能，虽然现在还无法确定这个地方的具体位置，但科学家们相信它一定是存在的。这就是说，直觉其实也是人的一种潜能，它潜藏在人的大脑之中。

你的直觉敏锐吗

读以下内容，看与你是否相符：

第一眼看到某个人，你就知道这个人值不值得交；

电话铃声一响，你就知道电话是谁打来的；

在对方还未开口的时候，你就知道对方想要说什么；

在打开信件之前，你就已经猜到了信件的内容；

曾经做过的梦在现实生活中真的发生了；

经常会有正确的预感，比如说会碰到某个人、会发生某件事等；

在灾难发生之前，会有异常的生理反应，比如说心烦意乱、窒息乏力等；

遇见一个陌生人或者到达一个陌生的地方，你会有一种熟悉的感觉；

你的身体经常会有一些莫明其妙的感觉，比如说刺痛、蚁爬等；

你会不时听到一些无法解释的声音。

如果你的直觉不够敏锐，那就不能轻易相信，否则不但对自己没有帮助，还可能害了自己。如何判断自己的直觉是不是准确呢？上面列出了 10 个选项，在这 10 个选项中，如果有 3~5 个选项与你的情况相符，那么你的直觉就是一般敏锐；如果有 5~7 个与你的情况相符，那么你的直觉就是比较敏锐的；如果有 7~10 个与你的情况相符，那么你的直觉就是非常敏锐的。

但大多数人的直觉都不敏锐，直觉非常敏锐的人是很少的。这就是说，大多数人的直觉其实是不能盲目相信的。要将直觉付诸行动，还需要进行仔细地论证，在确定没有问题以后再开始行动。如果你想要提高直觉的敏锐度，让自己的直觉变得可信，那就要进行一些开发直觉潜能的训练，将你的脑细胞激活，把潜藏的能量释放出来。下面介绍了几种开发直觉潜能的训练方法，希望对大家有所帮助。

让你的直觉更敏锐

让你的直觉更敏锐有以下方法：

扩充自己的知识面；

注重开发右脑；

关注自己的感觉。

事实上，到目前为止，还没有一种方法能让人的直觉迅速变得敏锐起来，这与人类对大脑的了解不够有很大的关系。由于直觉受到大脑的控制，而人类又不清楚控制直觉的具体部位以及大脑是如何控制直觉的，所以就很难找到一种非常有效的方法来提高直觉的敏锐度。虽然没有捷径，但是人们在现实的生活中还是摸索出了一些可以提高直觉敏锐度的方法，至于究竟能不能起作用以及能起多大的作用,那就要因人而异了。不过即使没有明显的效果,也总会让你有一些其他的收获,所以还是值得一试的。

  有些人认为直觉的产生并不都是偶然的,当我们的知识累积到一定程度的时候,在面对同类的事物时就不再需要思考,而可以直接进行判断了,这种情况下所产生的直觉就是一种特殊的反应力。比如看到某个句子的时候,我们可以直接就说它不通顺,这样的判断不是从语法上分析出来的,而是由于句子读多了,已经形成了一种语感,所以句子通不通顺一读就知道了,根本就不需要分析。由于直觉主要是靠右脑控制的,所以开发右脑对于提高直觉的敏锐度应该也是很有帮助的。开发右脑的方法很多,比如说多用左手、多接触图形等。

  另外,关注自己的感觉也被认为是一种有效的方式。直觉也是人的一种感觉,只是这种感觉并不像视觉、嗅觉等感觉那样为人们所熟悉。事实上,如果你时常关注自己的感觉,你就会发现有些感觉并不是由五官和肢体产生的,它可能来自身体的内部,是心脏或者是其他的脏器产生的。细心体会这种感觉和接下来发生的事,在下次产生这种感觉的时候,你就会知道接下来会发生什么了。

练就敏锐的洞察力

运气是一个因素,然而我想最重要的还是我们的远见和高度的洞察力。我从来都是戴着望远镜看这个世界的。

——比尔·盖茨

所谓洞察力,指的即是洞察事物的能力,其实也就是透过现象看本质的能力。同样一件事物,不同的人会有不同的理解,有些人看到的只是事物的表面现象,有些人则能将事物看穿,洞悉事物的本质。为什么会有这样的差异呢,就是因为不同的人洞察力的敏锐度是不同的。一个人的洞察力越敏锐,看待问题就越透彻,思维就越敏捷,判断也越准确,所以我们常常称这样的人"心明眼亮",什么事都逃不过他的眼睛。

洞察力有先天和后天之分,有些人天生就具有敏锐的洞察力,这自然是很多人望尘莫及的,但洞察力也可以通过后天来培养,只要方法得当,就可以让自己的洞察力变得更敏锐一些。事实上,洞察力也是人类潜藏的一种能力。无论你的天分如何,都可以通过训练让你的洞察力更敏锐一些。

最有效的训练方法就是在生活中多观察、多思考、多动脑。看到某个现象的时候,千万别被表面的现象迷惑住,要认真思考这种现象的内在特征,比如这种现象为什么会发生、这种现象的发生是偶然还是必然、还有没有可能发生其他的情况等等。总之，千万别过于相信你所看到的现象，对事物持有适当的怀疑，会让你更加冷静地分析事物，这样你所得出的结论就会有较高的准确率。

生活中的现象	为什么会出现这样的现象	为什么不是其他的结果

把生活中的现象记录下来，然后对这种现象进行分析，推究现象的前因后果，这对于提高你的洞察力是很有帮助的。也许刚开始的时候你还不太习惯这种思考方式，所以你需要将它记录下来。如果你总是能透过现象的表面看到其内部的一些东西，那么你的洞察力就可以称之为敏锐了。当然，要提高自己的洞察力，并不是一朝一夕的事，没有哪一种方法是立竿见影的，所以你必须有耐心、有恒心，只要你一直坚持下去，就一定会有所收获。

为了让我们的思考更有效，我们必须用丰富的知识来武装自己，而丰富知识最有效的途径就是多读书。书不能乱读，要有选择地读，可以读一些文学作品、哲学著作、心理学读物等。文学作品可以增加你的生活阅历，哲学著作可以丰富你的思想内涵，心理学读物可以让你更了解人的心理，这些对于提高你的洞察力都是很有帮助的。另外，多读历史、多关心政治和时事新闻，也会让你的洞察力更敏锐。当然，生活实践也是绝对不可忽视的。珍惜一切参加社会实践活动的机会，多培养自己的兴趣和爱好，这是增加生活阅历的重要手段。对于自己的生活经历，要时常进行反思，这对你也是很有帮助的。

你的经历	自己做得好吗	成功之处	失败的原因	今后该怎样做

提升自己的学习力

天生的能力好像天然生成的植物，必须通过学习加以修整；然而学习本身如若不由实践去约束，必然方向纷杂而漫无目的。

——培根

有人说如今是一个信息爆炸的时代，信息的更新速度是非常快的，如果我们更新信息的速度太慢，就会被社会所淘汰。所以，我们必须要提升我们的学习力，快速接受新信息，这样才能适应社会的发展,走在时代的前端。训练和提高学习能力不仅是我们的发展之策,更是我们的生存之本,其意义是非常重大的。那么,如何提升我们的学习能力呢?

首先,你要有学习的兴趣。一个人只有在做他自己感兴趣的事情时,才能够积极主动地去做。这种积极的情绪会让你觉得学习就是一种乐趣,你会在学习的过程中体会到更多的快乐,而且你的学习效率也会有所提高。所以,要提升学习力,首先就要培养学习的兴趣。

你对学习感兴趣吗

问自己下列问题:

你觉得学习是一件很轻松、很有趣的事情吗?

你从来都不需要其他人督促你学习吗?

你觉得自己在学习中有很多收获吗?

你会制订学习计划吗?

你会因为一段时间不学习而感到不舒服吗?

如实回答上面的问题。如果你的答案都是否定的或者大多数是否定的,那就说明你对学习不怎么感兴趣。让你对学习更感兴趣比较有效的一种方法就是,用你感兴趣的方式去学习。每个人都有自己感兴趣的事物,如果将自己感兴趣的事物和学习结合起来,就会让人对学习更感兴趣。比如,一个人对图像很感兴趣,与刻板的文字相比,生动的图像更容易被他接受,那么他就可以通过幻灯片、录像带等方式来学习。就像我们在电视上看到的有关成语故事的动画片一样，直接告诉他这个成语是什么意思，可能他很快就忘了，但是如果通过动画片来讲述，他就会记得很清楚。

其次，你要有正确的学习动机。所谓学习动机，其实也就是你学习的原因。学习动机有强有弱、有内有外、有好有坏，只有你的学习动机是强大的、内在的、良好的，你才能更好地去学习。强大的学习动机可以激发你的学习欲望，让你在学习的过程中更加投入；内在的学习动机是你的一种主观愿望，可以让你在学习的过程中更加积极、更加主动；良好的学习动机是符合社会道德规范的，是一个人的精神世界和道德品质的客观反映。我们只要想办法让我们的动机变得强大、内在和良好就可以了。

你的学习动机强大吗

读下列内容，看与你是否相符：

你总是觉得自己目前的状况很好，不需要再去补充新的知识；

你经常会无精打采、萎靡不振；

你觉得考试只要通过就行，没有必要拿高分；

你从来没想过将来会怎么样；

你总是感到空虚和无聊。

在上面的几个选项中，找到与你自身情况相符的选项，你找到的选项越多，你的学习动机越是不足。动机不足是影响学习效果的重要因素，因此，如果你已经出现了上面的情况，那就要马上想办法增强自己的学习动机。比较有效的方法就是树立正确的人生目标，当你的人生有一个明确的方向时，你就会向着这个目标努力迈进。当你意识到你所做的一切都是为了实现你的人生目标时，自然就会充满动力了。

此外，找到对于你来说最有效的学习方法也是提高学习力的关键。只有找到最适合你的学习方法，才能将你的能力更好地发挥出来，将学习的效果最大化。究竟哪种学习方法才是最适合你的呢？这要靠你在实际的学习过程中自己来摸索，关注你学习后的感受和体会，你就会找到最适合你的学习方法。在尚未确定最有效的学习方法之前，多尝试几种不同的学习方法，然后对学习效果进行比较，找到最有效的一种长期坚持下去，你的学习力就会得到提高。

你尝试过的学习方法有哪些？你使用这种学习方法的学习效果如何？

第七章

影响力:
精进领导力,在组织中成就卓越

塑造自我，扩大影响力的原则

简单地说，有魅力的个性应该包括4个因素，即："积极的心态"，它能帮你克服那些负面心态对你的不利影响；"弹性"，即能适应不断变化的客观条件的能力；"诚挚的目的"，它能帮你确立切实的目标；"迅速的决断"，它能让你把握稍纵即逝的机遇。

——拿破仑·希尔

在生活中，我们经常会说某个人很有魅力，他身边的人都会不自觉地被他所吸引。虽然大多数人对"魅力"这个词都不会感到陌生，但是要具体地将其表述出来，却很少有人能说得清。魅力既不是简单的外表美，也不是单纯的心灵美，它是一个人由内而外散发出来的一种迷人的气息，是一种高尚而伟大的人格，是一个人综合素质的体现。一个个人魅力十足的人，自然可以赢得更多人的欣赏和信任，产生更大的影响力。所以说，让自己更具魅力，是扩大个人影响力的重要原则。

我们敬爱的周恩来总理，就是一个个人魅力十足的领导者，他不仅赢得了全国人民的爱戴，而且也受到了其他国家领导人的尊敬。一位西方国家的首脑曾经说:"是周恩来的人格力量说服了我。我觉得,一个拥有如此高尚的领导人的政党是值得信赖的。"英国元帅蒙哥马利称周恩来"是一位敏捷和清醒的思想家,有非常令人愉快的性格、高雅的幽默感,总的来说,他是一位有高度才智、非常令人喜欢的人物,而且有动人的风度"。曾被称为"世界第一绅士"的前联合国秘书长哈马舍尔德在见过周恩来以后也说道:"在周恩来面前,竟使我感觉到自己是个野蛮人。"由此可见,个人魅力对于扩大影响力是非常有帮助的,它甚至可以跨越国界,征服全世界。

个人魅力的外在表现

个人魅力的外在表现有:

儒雅得体的举止;

幽默智慧的谈吐;

真诚自信的微笑;

杰出的能力;

快乐的情绪。

举止是个人魅力的基本组成部分,一个人的举止是否得体,可以直接反映出其内在的修养如何。对于初次见面的陌生人来说,要了解对方,除了外表之外,还要看对方的言谈举止。如果在这个时候做出了某个不得体的举动,那就会给对方留下极为不好的第一印象,甚至让对方产生反感,这对于接下来的交谈以及合作都是非常不利的。相反,如果举止得体,则会让对方觉得你是一个有素质、有修养的人,这对于促成双方的合作以及拉近彼此的距离都是非常有帮助的。多学习一些礼仪知识是很有必要的,此外,你还可以对着镜子进行练习,让自己的一举一动都大方、自然,这会让你更具魅力。

谈吐是个人魅力最直接的表现形式,因为它可以反映一个人的思想。幽默智慧的谈吐总能让人产生兴趣,将人深深地吸引住。如果人们在和你交谈的过程中能够有所收获,那么他们就会非常愿意和你接近,成为朋友。当你的思想能够对他们产生影响时,他们就会非常信任你,并愿意接受你的想法,这时你对他们所产生的影响就是非常大的,而且这种影响会一直持续下去。所以说,培养自己的幽默感和丰富自己的知识都是增加个人魅力的有效手段。

每个人都会微笑,但未必每个人的微笑都能吸引人,只有发自内心、真诚的微笑和充满信心的、自信的微笑才最具魅力,最能吸引人。真诚和自信都是人们非常欣赏的品质,你需要让其他人知道你的这两种品质,并用最美的方式将其展现出来,这样才能增加你的魅力。对着镜子练习笑容,把最美的笑容展现出来。当然,如果你不具备这两种品质,那么即使你的笑容再美,也不可能产生那么大的影响力,只有被赋予内涵的笑容才是最美、最具魅力的。

一个能力杰出的人,无论走到哪里都是很受欢迎的。无论你在哪个方面的能力很突出,只有你有表现的机会,就会受到其他人的肯定。所以,你应该了解自己的天赋,挖掘自己的潜能,在自己擅长的方面大展拳脚,那么你就可以成为一个杰出的人,你的魅力自然也就得到了提升。当然,你不一定非要从事这方面的工作,但你一定要为自己创造展示的机会。

快乐的情绪也很重要,当其他人跟你在一起会得到快乐时,他们就会非常愿意和你在一起。所以,让自己快乐,并带给其他人快乐,你就会更具魅力。

在这些魅力表现中,你所表现出来的越多,你的魅力就越大,你的影响力也就越大。所以,要提升自己的魅力,扩大自己的影响力,就必须努力完善自己,将潜藏的魅力更多地展现出来。

以终为始,自我领导的原则

> 身外之物和内在力量相比,便显得微不足道。
>
> ——霍姆斯

也许你并不清楚以终为始的意思,简单地说,以终为始有两层意思,第一层意思是说每一个终点都是新的起点,目的是为了防止我们骄傲自满,并激励我们不断前行;第二层意思是说起点必须为终点服务，目的是为了使我们处在正确的道路上，不至于误入歧途。如果你取得了一点儿成绩就沾沾自喜，停滞不前，那么你永远都不可能有大的作为；如果你在做一件事情之前，不考虑你的人生重心，那么你就很可能在前行的道路上迷失方向。所以，要成就自我，就必须坚持以终为始的原则。

先说第一层意思：人生并没有真正的终点。就如同一件旧事物的灭亡必然会导致一件新事物的产生一样，当一件事终结的时候，也同样意味着另一个新的开始。比如，你告别校园的时候，那既是学生时代的终结，同时也是步入社会的开始；你被现在的公司开除了，那既是现有工作的终结，同时也是新工作的开端。所有的事物都遵循着这样的规律，如果你能站在这个角度来看问题，就会看到事物积极的一面，也就不会再消极悲观了。

另外，当我们通过努力实现自己的目标时，都会有一点小小的成就感，这是很正常的。但如果你因此而满足于现状，不再追求进步，那就大错特错了。你的确取得了一些成就，但那不应该是你人生的终极目标，你完全可以把事情做得更好。而且千万别忘了，社会是在不断向前发展的，如果你还在停滞不前，那就要被社会所抛弃了。把每一次取得的成就都看成是一个新的起点，这会帮助你把你的人生目标完成得更漂亮，也只有这样，你才能真正做到成就自我，否则你总会给自己留下一些遗憾。把终点当成起点的最好方法就是找到自己还有待完善的地方，并为自己设立新的目标。

你所取得的成就	有待完善的地方	设立新的目标

当你取得成就的时候，记得将它们记录下来，然后问问自己："我是不是可以做得更好呢？"通过这样的方式，你会找到那些有待完善的地方，并据此设立新的目标。如果你每次取得成就的时候都能进行这样的思考，那么你永远都不会被现状束缚住，当然也就可以做到以终为始了。

再说说第二层意思：前面曾提到过，要达到目标，你必须首先保证自己处在正确的道路上。为什么有些人在富贵之后却觉得更加空虚？为什么有些人在成功之后却觉得失去了太多？就是因为他们没有找准人生的方向，没有做到以终为始，从最开始的时候就走错了路，以至于一错再错，所以即使最后走到了那条路的终点，却也不会让他们感到满足和幸福，因为那条路并不是他们真正想走的。

所以，在你开始做一件事之前，你必须先弄清它和你的人生重心有着怎样的关系，这样你才不会迷失方向，因小失大。比如，公司要派你到国外去深造5年，这时你就要考虑自己的人生重心，然后再作出合理的选择。如果你最看重的是事业，那么不用犹豫，这是一次良机，必须把握住；如果你最看重的是家庭，那么你就要听听家人的意见，充分考虑他们的感受，与他们一起来做这个决定。如果你的人生目标是有一个幸福美满的家庭，而你又不顾一切地出国深造，结果就很可能导致和家人的感情的淡化，所以即使最后你取得了事业上的成功，也无法获得内心的真正满足。

对于没有明确人生目标的人来说，要做到以终为始确实有些困难，因为他们根本就不了解自己内心的真正需求。但在前面我们已经帮助大家探寻了自己的真正需求，也明确了自己的人生目标，所以实施起来就比较容易了。我们在做任何事情的时候，都要首先考虑自己的人生重心，只有这样才不会走错路。

完成你的人生重心原则图表

经过这段时间的训练，你的生活是否已经发生变化了呢？看看那些得分较低的选项，是不是得到了改善？你还需要在哪些方面多加努力？赶快来完成下面的人生重心原则图表吧！

	1	2	3	4	5	6	7	8	9	10
爱情										
配偶										
家庭										
家居										
健康										
休闲										
享乐										
精神										
友情										
敌人										
自我										
事业										
创造力										
金钱										
名利										

你对他人具有影响力吗

> 轻财足以聚人,律己足以服人,量宽足以得人,身先足以率人。
> ——李邦献

在生活中,我们有时会受到其他人的影响,有时也会去影响其他人,人与人之间始终都存在着这种影响与被影响的关系。那么,对于大多数人来说,是影响他人多一些,还是被他人影响多一些呢?显然,对他人产生的影响越多,影响力就越强。但在生活中,影响力很强的人是非常少的,只有一些公众人物和领导者具有很强的影响力,一般人的影响力都是很有限的。

其实,作为普通人来说,虽然不需要有太大的影响力,但是也必须能够影响他人,至少应该对身边的人产生影响。你的生活离不开身边人的参与,如果你总是不能影响他们,那么你就会被他们所影响,这样你的生活就会偏离你自己的轨道。但如果你坚决不受他们影响,那么你们的关系就会慢慢疏远,等待你的也只能是无尽的孤独与落寞。如果你想成为一个领导者,那就更应该让自己具有影响力。在一群人中,谁最有影响力,谁就是这一群人的精神领袖,谁就会处于领导地位。想知道你现在是否具有影响力吗?认真回答下面的问题,你就会从中找到答案。

你身边的人很在乎你的意见或想法吗?

你能说服其他人接受你的观点吗?

你觉得自己可以控制一些混乱的局面吗?

你可以适应不同的环境吗?

你很在意其他人对你的看法吗?

你能够很自然地赞扬别人吗?

你有引以为荣的特长吗?

如果你身边的人在遇到问题的时候总是来征询你的意见,并接受你的建议,那就说明你在他们的心目中已经占有了一定的位置,你的意见将直接影响他们的思想和行动。如果他们只是听取你的意见,而不按你说的去做,那你也不必失望,因为只要是听取了你的意见,那就说明你还是有影响力的,只是你对他们的影响还没有那么大。这种情况是比较多见的,大多数人都是对身边的人有一些影响力,但是却都不会产生太大的影响。

两个人有不同的想法是很平常的事,但如果你是一个有影响力的人,你就能够说服对方接受你的观点。当然,如果对方也是一个影响力比较强的人,那么他是不太可能认同你的观点的,但是他会对你的观点表示理解。在你与其他人出现分歧时,你说服对方的次数越多,你的影响力就越强。

生活中常常会出现一些混乱失控的局面,在出现这种局面的时候,你在干什么呢?如果你有勇气走出来主持大局,控制局面,那么你就是一个很有影响力的人;如果你有勇气走出来,但是却没能有效地控制住局面,那么你也算是一个有影响力的人,只是你的影响力还有待提高；如果你躲在一边旁观，那你就是一个缺乏影响力的人。

有影响力的人适应能力也都很强，他们可以适应各种各样的陌生环境。所以，你能适应的陌生环境越多，你的影响力就越强。

有影响力的人不会去在意其他人的看法，因为他们想的是如何去影响他人，而不是如何被他人影响。所以，如果你很少在意他人的看法，那就说明你的影响力是很强的。当然，你也可能会对其他人的观点表示理解，但是你仍然会按照你自己的想法去行动，除非他的想法与你的想法是一致的。

有影响力的人可以很自然地赞美别人，这也是获取信任的一种方式。如果你从来都没有赞美过别人，那么你的影响力就会受到压制，无法全部表现出来。而那些懂得赞美别人的人，自然会有更大的影响力。

如果你在某个方面有过人之处，那么你就会因此而产生影响力，其他人会把你当专家看待，对于你的意见，他们大多也都会照单全收。

总之，上面的几个问题应该综合起来看待。如果通过上面的问题判断你是有影响力的，但实际上你却没有，那就说明你的影响力是潜藏起来的，或者是你还没有发现，那么你应该想办法加强。

让你的人格更具魅力

道德的最大秘密就是爱,或者说,就是逾越我们自己的本性,而融于旁人的思想、行为或人格中存在的美。

——雪莱

人格,指的是人的个性或品格。所谓个人魅力,大多都是指人格魅力。在生活中,我们常常能感受到其他人的人格魅力,但却很少有人关注自己的人格魅力。其实,人格魅力并不是只存在于伟人的身上,我们每个人的身上都潜藏着人格魅力的因素,每个人都可以让自己充满魅力。

人格魅力与先天因素是有一定关系的,但却不完全受先天因素的影响,一个人人格魅力的获得,主要还是靠后天的培养和训练。一位商店的经理曾经说:"有些人生来就有与人交往的天性,他们无论对人对己、处世待人、举手投足与言谈举止都很自然得体,毫不费力便能获得他人的注意和喜爱。可有些人便没有这种天赋,他们必须加以努力,才能获得他人的注意和喜爱。但无论是天生的还是后天努力的,他们的目的无非是博得他人的善意,而那获得善意的种种途径和方法,便是'人格'的发展。"不过,人格魅力的养成需要一个过程,不可能立竿见影,所以,要提高自己的人格魅力,百折不挠的毅力也是必不可少的。

如何将自己的人格魅力挖掘出来呢？首先，你必须对自己的人格有一个全面的了解。其实，很多人对于自己的完整人格都不够了解，他们至多只是了解其中的一部分。如果你也存在这样的情况，那就先进行下面的测试吧！这是一个非常有名的人格测试，叫做9型人格测试，它将人格总体分为9种类型，并对9种人格进行了测试和分析。在这里，我们主要通过你的基本恐惧、基本欲望及核心信念来判断你的人格类型。

你在恐惧什么

读下列内容，看哪些项与你相符：

你特别害怕自己会做错事、坏事；

你特别害怕其他人都不需要你的爱，也害怕没有人爱自己；

你特别害怕平庸无为，没有成就；

你特别害怕没有独特的自我认同；

你特别害怕能力和知识都不够用；

你特别害怕失去别人的支持和肯定；

你特别害怕受到束缚和限制，也害怕承受压力；

你特别害怕被别人视为弱者；

你特别害怕目前的状况被破坏，更无法忍受分离和失去。

说出你的欲望

读下列内容，看哪些项与你相符：

希望自己永远是对的，永远都不会犯错误；

感受爱的存在；

实现自己的价值，被他人接受和肯定；

在内在的经验中寻找自我认同；

拥有过人的能力和丰富的知识；

有人跟自己站在同一立场才会得到安全感；

自由自在地享受生活；

做生活中的强者；

保持平静和安稳。

你的核心信念是什么

读下列内容，看哪些项与你相符：

将一切都尽可能做好；

爱护别人并得到别人的爱；

取得成功并受到其他人的尊敬；

忠于自我；

成为某一方面的专家；

达到其他人对我的期望；

快乐；

掌控自己的生活；

维持现状。

在这3个部分中，每一部分的对应项所代表的人格都是一致的，作出你的选择，你就会判断出你的人格类型。如果你的选择是第一项，你就是一个完美主义者；如果是第二项，就是给予者；如果是第三项，就是实干者；如果是第四项，就是浪漫主义者；如果是第五项，就是观察者；如果是第六项，就是怀疑论者；如果是第七项，就是享乐者；如果是第八项，就是保护者；如果是第九项，就是调停者。当然，你可能不止有一个选择，但总有一种人格类型是最符合你的，这就是你的基本人格。除此之外，那些你所具备的人格要素也不能忽视，将它们都记下来，它们也会增添你的魅力。

在了解你的人格类型之后，你需要清楚其他人比较喜欢你的哪些方面，这些方面是否与你的人格有关。如果答案是肯定的，那就要继续发展你的人格魅力，让其产生更大的影响。如果其他人喜欢的不是你的人格，而是你的外表、权势等其他方面，那么这样的喜欢就很危险了。容颜会衰老，权势会丢失，只有人格可以永恒。所以，如果是后一种情况，那你就必须要想办法增加自己的人格魅力，否则随着时间的流逝和权势的消失，你的魅力也就不复存在了。

你认为具有人格魅力的人	他最吸引你的地方	发现你的人格魅力因素	他是怎样展现人格魅力的	你打算怎样将自己的人格魅力展现出来

把你认为具有人格魅力的人全部写出来，并找到他们身上最吸引你的地方，然后将你的人格与这些人做对比，也许你会发现其实自己也具有这样的人格魅力因素，只是自己还没有对方表现得那么明显。其实，只要你认真寻找，就一定能发现潜藏在自己身上的人格魅力因素。在找到这种潜藏的魅力以后，你就要想办法将其展现出来，如果你不知道该如何将其展现出来，那就看看你的偶像们是怎么做的吧！

人格魅力的训练方法

人格魅力的训练方法有：

具有获得人格魅力的强烈愿望；

通过学习不断地完善自我；

将理论落实在具体的实际行动中；

人格魅力要与时俱进；

让你的人格魅力持久闪光。

人的行为总要受到思想的左右，所以，首先在思想上追求人格魅力的提高就显得尤为重要。事实上，当你对某一件事产生强烈的愿望时，你潜在的能量就会被激发出来，这对于你达成愿望是很有帮助的。拿破仑·希尔曾经说过："只要一个人能想出来并坚信能做到，就一定能做到。"很多时候，我们都忽略了思想的力量，这让我们的成功更加艰难。所以，训练人格魅力的第一步就是你必须要让自己有强烈的愿望，并坚信自己一定可以达到这样的愿望。

具有人格魅力的人一定是学识广博、内涵丰富的人，所以，我们应该不断丰富自己的知识，所谓"活到老，学到老"即是如此。我们每个人都有知识漏洞，一定有很多知识是你所不知道的，即使是古圣贤人也不例外，所以，我们没有理由不学习。只有不断地学习，你才能不断地充实、完善自我，让自己更具人格魅力。"腹有诗书气自华"，你的知识越丰富，你的气质就越高雅，你的吸引力自然也就越强。所以，你应该每天都给自己安排一段学习的时间，学习的内容和方式可以是多种多样的，你获得知识的渠道越多，学习的内容越全面，你的内涵就越丰富。

人格魅力一定要通过行动表现出来，你的一言一行都是展现人格魅力的最好时机。思想虽然重要，但是必须将其转化为行动才具有实际的意义，否则就会成为空想，失去意义。所以，你需要将你的想法落实在实际行动上，将其养成一种习惯。别以为生活中的小事体现不出你的人格魅力，大事可遇而不可求，难道具有人格魅力的人都做过惊天动地的大事吗？马丁·路德·金说得好："如果一个人被叫来做街道清洁工，他就该像米开朗琪罗绘画、贝多芬谱曲、莎士比亚写剧本一样来打扫街道。他应该尽量打扫得好一些，让天国和世间所有的人看到了都停下来说，这里住着一个了不起的街道清洁工，他的工作做得真好。"

人格魅力不会永远不变，它也应该随着时代的发展变化而变化。人格魅力应该不断地被赋予新的内容，这样才能跟得上社会前进的步伐，不至于被社会淘汰。如何做到与时俱进呢？平常多关注社会所发生的变化，了解社会的主流思想，及时接受社会上的新事物，现在的网络这么发达,做到这些应该不是难事。另外,你还要敢于创新,敢于走别人不敢走的路,一个能够引领社会潮流的人,自然是最具魅力的。

让自己的人格魅力持久闪光,这才是真正的魅力。做一时的好人容易,做一辈子的好人可就没那么容易了。在漫漫的人生路上,你还是会遇到很多麻烦,比如说其他人的不理解,甚至冷嘲热讽等等。另外,你自己也可能产生懒惰、贪婪、自私等心理,这些都是人格魅力的蛀虫,很可能让你的人格魅力逐渐消失。所以说,要让自己的人格魅力持久闪光,就必须要有坚定的意志力。当然,要让自己的人格十分完美也是不太现实的,所以你不必苛求自己一定要多么完美,只要做好自己力所能及的就足够了。

美德是个人魅力的灵魂

把"德性"教给你们的孩子:使人幸福的是德性而非金钱。这是我的经验之谈。在患难中支持我的是道德;使我不曾自杀的,除了艺术以外,也是道德。

——贝多芬

在生活中，我们赞扬欣赏的人，大多都是具有高尚品德的人。可以这样说，品德是人格魅力最广泛、最普遍的因素，也是最容易挖掘和发展的因素。所以，要重塑自己的人格魅力，让品德更高尚一些不失为一个有效的办法。如何让自己的品德更高尚一些呢？下面介绍了几种方法。

你可以这样做：

真诚待人；

谦虚一些，再谦虚一些；

宽恕其他人的过错；

同情其他人的不幸遭遇；

别丢失了正直和善良；

学会爱和感恩；

尽自己的力量去帮助别人。

真诚是赢得信任、产生吸引力的必要前提，也是人格魅力的基础。我国著名的翻译家傅雷先生曾经说过："一个人只要真诚，总能打动人的，即使人家一时不了解，日后也会了解的。"在这个充满谎言的社会里，真诚显得尤为可贵。所以，一个真诚的人，总是比那些虚伪的人拥有更多的朋友和更多的机会，因为他能让更多人信任他。真诚地对待你身边的每一个人，让身边的人感受到你的真诚，你会更加轻松、更加快乐。

谦虚是一种美德，谦虚的人即使有再强的能力和再高的学识也不会高高在上，目中无人，他们懂得自己还有不足的地方，也会发现其他人身上的优点,并懂得尊重别人,所以他们总是那样平易近人,也总是那样受人欢迎。每个人都应该谦虚一些,再谦虚一些。当取得成就时,你要告诉自己还有很多人比自己强;当遇到比自己强的人时,你要多向对方请教学习;当遇到不如自己的人时,你要学会尊重对方,并学会欣赏对方的长处。如果你有不虚心的毛病,那就从现在开始训练自己,把别人的优点记下来,把自己的缺点也记下来,这是防止自大的有效方法。

宽恕是人生最大的美德。哲学家艾伦特认为,只有"宽恕"才能遏止沉痛的回忆。当你宽恕别人时,也给自己留了一条后路,因为你的宽容同样也会换来其他人的宽容,当你犯错误的时候,其他人也同样会以宽容的胸怀来接受你。试着站在别人的角度去看问题,想一想如果事情发生在自己身上,自己会怎么做。而且你应该清楚,任何人都有犯错误的时候,也都有犯糊涂的时候,只要他认识到了错误,那么他就应该得到原谅和宽恕。

人的一生总要转过几道弯,翻过几道坎儿,没有谁是一帆风顺的。在其他人遭遇困难或不幸的时候,我们应该表示出深深的同情,与他们站在一起,支持他们,鼓励他们,为他们分忧。患难见真情,你的同情会帮助对方重新点燃希望,也会让对方更加信任你,这样你就会有更多的朋友,得到更多人的尊敬。不过,你千万别以为同情就是在对方面前说"你真可怜""我非常同情你"等话语,这样反倒会刺痛对方的心。你应该以你的行动去支持他、鼓励他，或者你也可以默默地听他诉说。将心比心，你的体贴和理解是同情他的最好方式。

正直和善良是做人的根本，但是在如今复杂的人际关系中，人们却太过注重利益和实力，而常常忽视了这两个最基本的道德准则。阿瑟·戈森说："正直意味着有勇气坚持自己的信念。这一点包括有能力去坚持你认为是正确的东西，在需要的时候义无反顾，并能公开反对你确认是错误的东西。"善良则是正直的另一面，是人世间最宝贵的东西。问问自己，为了利益或其他的一些东西，你是否曾经背叛过自己的正直和善良呢？

爱和感恩让人一生受益，也会让人的魅力大增。爱是一种给予，是一种责任，是一种回报，更是幸福的源泉。我们要懂得爱，爱自己的同时也要爱别人，当我们被爱时，也要懂得感恩，懂得回报。如何让自己的内心充满爱和感恩呢？随时感受身边的人对你的爱，并懂得如何去爱他们，这是让心充满爱和感恩的最好方法。将其他人对你的好全部记录下来，这可以提醒你去回报他们。

助人为乐也是一种美好的品德，如果你总是尽自己的能力去帮助其他人，你的品德自然就会得到其他人的认可，你的魅力也会因此而增加。你可以根据自身的实际情况选择最适合自己的方式。比如说帮助邻居老人打扫房间、为他们做一顿晚餐；帮助公司里的同事解决他们遇到的困难；向外地人介绍当地的基本情况，为他们指引方向等等。另外，你也可以去参加一些公益活动，献出你的爱心。

感召力来自亲和力

要打动别人的心,自己的行为就必须合乎人情。

——卢梭

所谓亲和力,指的就是在与人交往时所表现出来的容易接近别人并且容易被别人接受的一种能力。在人际交往的过程中,亲和力是非常重要的。

毋庸置疑,每个人都愿意和亲和力强的人打交道,因为这样的交往可以让双方都感到愉快,因此也有利于促成双方的合作或进一步交往。可以这样说,亲和力是一种独特的魅力,一个亲和力很强的人,自然就会产生巨大的吸引力,将与其接触过的人都深深吸引住。

测测你的亲和力如何

回答下列问题:

你愿意与比你地位低的人打交道吗?

你喜欢参加集体活动吗?

你有很多朋友吗?

你喜欢与各种各样的人交往吗?

你能够自然地同异性单独说话吗?

即使与陌生人接触,你也能让你们之间的气氛很和谐、很融洽吗？

与华丽昂贵的衣服相比，你更喜欢简单朴素的衣服吗？

在其他人眼中，你是一个充满活力的人吗？

你总是会将自己的经历，尤其是那些有趣的经历与身边的人分享吗？

如果你的答案全部都是肯定的，那你就是一个亲和力非常强的人；在肯定和否定都有的情况下，肯定的答案越多，你的亲和力就越强；否定的答案越多，你的亲和力就越差。

亲和力差对于自身的发展会造成很大的障碍。如何提高亲和力呢？下面介绍了几种提高亲和力的方法。

让你更具亲和力

提高亲和力的方法有：

把自己的位置放正；

修炼与人为善的心态；

不断进行人际交流实践；

加强对他人的理解力；

保持轻松愉快的心情。

要让自己更具亲和力，首先应该做的就是把自己的位置放正。只有正确地认识和评价自己，才能以一种客观、理智的眼光去看待他人。也只有正确看待自己和他人，才能更好地与他人进行交往，全面认识自我，给自己找到一个合适的位置，这是增加亲和力的第一步。

如果你总是能友善地对待别人，那么别人也大多都会友善地对待你，双方的友善对于拉近你们之间的距离是很有帮助的。如何修炼与人为善的心态呢？忘掉那些丑陋的、讨厌的恶人，多想想那些友善的、热情的好人，并将你身边所有的人都想象成这样的好人。这样，你就会以友善的态度与其他人交往，也会在交往的过程中体会到乐趣，你的亲和力也会因此得到提高。

对于任何一项训练来说，亲身去实践都是至关重要的。没有实践，你永远都不会发现问题，也不可能有所提高，提高亲和力也是如此。要想让自己更具亲和力，你就必须要多跟不同的人打交道，在不断地与人交往的过程中，你会发现自己在哪些方面还存在哪些不足，这样你可以及时地解决问题。在不断的实践中，你会发现自己与人交往的能力越来越强，亲和力也越来越强。

人和人的生长环境不同，看待问题的角度和思考问题的方式也难免会有所差异，如果你总是站在自己的角度去看待他人，以自己的思维方式去揣摩他人的心理，那么你就会对他人作出错误的评价，这必然会影响你们的沟通，令你的亲和力降低。所以，你必须在与人交往的过程中加强对他人的了解，试着站在他们的角度，以他们的思维方式去思考问题，这样你就能理解他们，走进他们的内心世界了。当你可以与对方进行内心深处的交流时，你们之间的距离自然就会被拉近了。

从表面上看，保持轻松愉悦的心情似乎与提高亲和力没有必然的联系，但实际上，人在心情烦躁压抑的时候是很难表现出亲和力的。如果你总是处在情绪低落的状态，就会不由自主地发脾气，当然更不可能去关心其他人的感受，这必然会影响到你的亲和力。所以说，保持轻松愉悦的心情也是很重要的。

总之，要让自己更具有亲和力，只要是行之有效的，那就去做吧！

第八章

适应力：
让自己与世界的美好相遇

顺势而动，适应社会的生存法则

> 幸福的最大秘诀是：与其使外界的事物适应自己，不如使自己去适应外界的事物。
>
> ——海普

达尔文在解释进化论的时候，曾提出了适者生存、不适者被淘汰的自然选择学说。其实，适者生存不仅是自然界的生存法则，也是社会的生存法则。现代社会的竞争越来越激烈，如果你不能适应环境的瞬息万变，不能适应社会的高速发展，那么你就一定会被社会所淘汰。要想在社会上站稳脚跟，取得成就，就必须要遵循适者生存的生存法则。

为什么人一定要去适应环境呢？因为无论是社会环境还是自然环境，都不会因为某个人而发生变化，其变化是一种客观实际，并非人力所能主宰的。如果你不能跟随环境的变化而调整自己的心理和行为，那么你就会感到不适应。当一个人处在不适应的环境中时，就很容易产生悲观、失落等不良情绪，从而导致自己的生活质量严重下降。所以说，人必须主动去适应环境，这样才能积极地面对生活、享受生活、成就自我。

怎样去适应环境

想适应环境，要做到以下几点：

意识到环境的变化；

重新找到自己的位置；

调整自己的心理和行为；

让已经适应的人来帮助你；

主动换一种环境。

要适应新的环境，首先你必须意识到环境的变化。在进入新环境以后，你应该将新环境和你以前所处的老环境进行一下对比，看看两者有什么区别。如果新环境和老环境之间是有差异的，你就不能再按照以前的方式去生活和工作了。当然，即使你一直都处在同一个地方，环境也是会发生变化的。因为社会环境中还包括人文环境，当生产关系、劳动形式、社会制度等发生变化时，也会造成环境的变化。我们只有意识到这种变化，才能去适应这种变化。

既然环境已经发生了变化，那么你在这个环境中的位置也不再是原来的那个了，所以你必须重新找到自己的位置，这样你才能更快地适应新的环境。比如，很多人在学校的时候是学生会的骨干，个人能力非常突出，很受学校领导的器重，但是一走到社会上，自己的能力就被比下去了。原来出类拔萃的自己现在竟变得如此平庸，根本就不受重视，因此很多人都觉得难以接受，于是产生了消极心理。其实，这些人只是没有意识到环境的变化，没有把自己的位置放正。社会不同于学校，在学校里你是佼佼者，但在社会上你不过是个涉世未深的新手，如果你将自己放在新手的位置上，心理就不会不平衡了。

在找到新的位置以后，你的心理和行为就都应该随之调整，以新的位置为出发点去思考问题，做新的位置上的人应该做的事。比如说刚步入社会的大学生，就应该以学习的心理去学习社会上的生存法则，多向那些社会经验丰富的人学习。不管你以前怎样优秀，那都已经成为历史了，最重要的是环境已经发生了变化，所以，你必须做出心理和行为上的调整，让自己去适应新的环境。

如果你觉得让自己融入一个新的环境很难，那么你也可以让那些已经适应的人来帮助你。多跟这些适应力较强的人在一起，他们的生活方式和思维方式都会对你产生影响，当你适应了他们的生活方式和思维方式以后，你也就适应这个新的环境了。

大环境的改变是我们无法左右的，但有些小环境的改变却是我们可以选择的，比如说，你居住的地方不够理想、邻居总是很晚回来、外面的马路很喧嚣等，这时你就可以主动逃离这个小环境，换一个自己喜欢的居住环境，这其实也是主动适应环境的一种表现。

总之，我们必须要想办法适应环境，因为这是我们的生存法则，为了生存，更为了好好地生活，成就自我。

完成你的人生重心原则图表

在进行成就自我训练的过程中,你的想法可能会发生改变,所以对人生重心图表中各部分的要求也会有所升高或降低,这是很正常的。在你清楚地知道自己想要的是什么以后,这种现象就不会再发生了。完成下面的人生重心原则图表,检验一下你这段时间的训练成果吧。

	1	2	3	4	5	6	7	8	9	10
爱情										
配偶										
家庭										
家居										
健康										
休闲										
享乐										
精神										
友情										
敌人										
自我										
事业										
创造力										

金钱									
名利									

增强你的适应力

人在身处逆境时,适应环境的能力实在惊人。人可以忍受不幸,也可以战胜不幸,因为人有着惊人的潜力,只要立志发挥它,就一定能渡过难关。

——卡耐基

适应力对于每个人来说都是很重要的。一个人的适应力越强,他就越容易取得成功,也越容易感到幸福。当今的社会环境是瞬息万变的,如果你不能以最短的时间去适应环境的变化,你就会被那些适应能力强的人甩在后面。当别人已经在为接下来的工作而努力的时候,你却还在努力适应新的环境,这其中的差距是可想而知的。所以说,适应能力强的人更容易取得成功。此外,一个人只有在自己适应的环境中才会感到舒适,感到幸福,如果你总是花很多时间去适应新的环境,那么你的幸福感自然就会比那些适应能力强的人少得多。所以说,适应能力强的人也更容易感到幸福。

你的适应能力如何

回答下列问题,检测一下你的适应能力:

遇到突然发生的意外,你会非常沮丧或非常恼火吗?

在新的环境中,你需要多少时间去熟悉那里的一切呢?

当你的朋友失约时,你会有什么样的反应?

到了新的公司,你需要多长时间才能和你的同事打成一片呢?

当公司出台新的制度时,你会怎样去面对?

生活中总会出现一些意外,比如在你急着去开会的时候堵车;你在目前的岗位上干得很好,却忽然被调到了一个陌生的岗位;你忽然生病住进了医院等。没有谁可以保证自己永远都不遇到意外。那么在遇到意外的时候,你是怎样处理的呢?如果你能够泰然处之,根据目前的情况安排自己接下来的工作或生活,那么你的适应能力就是很强的;如果你因为意外而懊恼或沮丧,甚至久久不能平静,那就说明你的适应能力是很差的。意外既然已经发生了,懊恼和沮丧都是解决不了问题的,还不如想想自己现在可以做些什么,适应力强的人是不会因此而浪费时间的。

当你来到一个新环境时,你对这个新环境熟悉得越快,你的适应能力就越强。既来之,则安之,适应能力强的人总是能尽快熟悉新环境，享受新环境，所以他们总是快乐的。

　　与朋友约会，如果朋友失约，你会作何感想呢？如果你能不受影响，接着去安排新的计划，或者去做其他的事，那就说明你的适应能力是很强的。朋友既然已经失约了，你的抱怨还有什么意义呢？一味地指责只会伤害你们之间的感情，为此而情绪低落就更不值得了，为什么不接着去做其他的事情呢？适应能力强的人很少情绪低落，因为他们总是能迅速摆脱困境，将目光转向其他的事情。

　　当你进入一个新的公司时，你与同事打成一片的速度越快，你的适应能力就越强，因为这表明你已经融入了这个集体。有些人可能认为这与适应力没什么关系，应该是人际交往能力的体现。但实际上，人际交往能力与适应力是密切相关的，适应力也可以表现在对人际关系的适应上。只有你适应了这个集体，你才能与这个集体中的成员打成一片，与他们建立良好的人际关系。所以说，从一个人融入一个集体的速度，也可以反映出其适应能力的强弱。

　　当公司出台新的制度时，如果你能积极去执行新的制度，那就说明你的适应能力是很强的。作为公司的一员，你必须去适应公司的制度，这样你才能更好地工作。如果总是把时间浪费在抱怨上，又怎么可能在工作上取得成绩呢？当然，你可以提出自己的看法，但对于不可改变的事实，只能尽快去适应。如果你觉得自己实在无法接受公司的新制度，你也可以选择离开这个公司，选择你更喜欢的公司,这也是主动适应的一种方式。但如果你不打算离开,那就应该积极地接受并执行公司的新制度。

同化外物和顺应环境

  智力在把某些新的因素纳入先前的图式之中时,又不断地改变着这些后来形成的图式,以便调整它们,使之适应新的情况。但反过来讲,事物从来不是在自身的基础上认识的,因为这种适应活动只有依靠与同化过程相反的过程才能实现。

——皮亚杰

  同化和顺应是皮亚杰"发生认识论"中的两个基本概念,是其用来解释儿童图式发展或智力发展的两个基本过程。什么是图式呢?皮亚杰说,凡能在行为中可以重复和概括的东西,就称之为图式。简单地说,图式其实也就是一个人的认知结构。对于同化和顺应这两个概念,皮亚杰是这样定义的:"刺激输入的过滤或者改变,叫作同化;内部图式的改变以适应现实,叫作顺应。"将外界因素纳入图式中来,以扩充和丰富现有的认知结构,这就是同化。改变现有的认知结构,以处理新的信息,这就是顺应。

从本质上看,同化是以旧的观点来处理新的情况,顺应则是改变旧的观点来适应新的情况。反复用同一种方式来处理新的情况,这样的过程就是同化;用新的方式去处理新的情况,这样的过程就是顺应。比如儿童在学会抓握以后,他看到自己想要的东西就总是会用手去抓握,以获得这样东西,这个过程就是同化。可是有些东西是他无法用手抓到的,比如放在高处的东西,有一次,他抓住偶然垂下来的桌布,这时上面的东西就下来了,这个过程就是顺应。

为什么要介绍同化和顺应呢?因为从过程上看,同化和顺应是适应的两个方面。同化是我们在适应环境的过程中积累经验、丰富图式的过程;顺应则是在适应环境的过程中,提升与完善自我的过程。外界的信息不断纳入到我们的主观意识中来,使客观的规律变成了我们的主观认识,但后来我们又发现我们的主观认识与客体之间存在矛盾,所以我们必须改变主观的认识,使之更符合客体的过程。由此看来,同化和顺应是密切相关的两个过程,只有两者并存,共同发展,才能够促进个体的发展。在生活中不断修正同化和顺应的过程,将对提高个人的适应能力起到至关重要的作用。

如何修正同化和顺应的过程

要修正同化和顺应的过程,有以下方法:

在同化的过程中发现独特的自我;

利用独特的自我来指导同化的过程；

在顺应的过程中做好调适；

避免出现消极顺应。

由于每个人的个性都是不同的，因此在适应环境的过程中，也必然会采取不同的方式来适应环境，每个人的同化过程都是个性化的。如何在同化的过程中发现独特的自我呢？关注你适应环境的方式，发现这种方式反映了你什么样的个性，如果你总是以这样的方式去适应环境，那么这种个性就是你的独特之处。独特的自我都是在一次次个性化的同化过程中形成的，所以，发现独特的自我，你就找到了指导同化过程的有力工具。

利用独特的自我来指导同化的过程，你会更容易融入新的环境，加速你与环境的磨合过程。比如在一个竞争激烈的新环境中，有些人可能会觉得这是一次学习的最好时机，因此他们会以不断学习、提高自己的方式来适应新环境；有些人可能会觉得这对自己来说是一种压力，因此他们会想办法避开其他人的锋芒，以独特的方式让自己脱颖而出；等等。虽然方式不同，但他们却同样都适应了新的环境。同化本身就是一个不断重复的过程，是在进行量的积累，所以，当你了解了自己的独特之处时，就能够在最短的时间内找到适应环境的方式。

对你以前适应环境的方式进行分析，找到你的独特之处，并用它来指导你以后的同化过程。

你适应环境的方式	你的独特之处	你将如何进行以后的同化过程

　　在顺应的过程中包括两种调适，只有做好这两种调适，才能更好地适应环境。第一种调适是人际关系的调适，第二种调适是环境关系的调适。到达一个新环境，首先要适应自然地理环境；其次要适应当地的人文环境，比如说当地的民俗风情、生活习惯，公司的企业文化、管理制度等。此外，还要适应新环境的人际关系，与其他人和睦、融洽地共同生活。要做好这两种调适，我们必须要做出适当的改变，不要固守着自己的某些东西不放。你必须清楚，在新的环境，以前的很多东西都已经不适用了，你必须去适应新的环境，所以说顺应也是一个质变的过程。

　　顺应有积极顺应和消极顺应两种，积极顺应和消极顺应的差别就在于适应对方的态度是不同的。比如在人际关系的调适中，如果双方能够互相体谅，积极改正自己的不当之处，努力去适应对方，那就是积极顺应；如果双方总是看到对方的不足，甚至无视对方的存在，自己做自己的，以冷漠和回避的方式来适应彼此，那就是消极顺应。在顺应的过程中，一定要注意避免出现消极顺应，否则就会引发诸多问题，也会让你的适应力下降。除了上面提到的这几点以外，你可能还会有自己的想法，如果是有助于提高适应力的,那就将其付诸实践吧!

通过学习来增强适应力

未来的文盲不再是目不识丁的人,而是没有学会怎样学习的人。
——阿尔文·托夫勒

适应环境,其实就是对新环境的认识和接受,从心理学上讲,适应环境就是一个学习的过程。心理学家通常把学习定义为个体与环境接触后获得经验,从而产生行为变化的过程。所以,要适应环境,增强适应力,首先就应该适应学习。我们在前面已经提到过,学习是一个终身性的行为,在人生的各个发展阶段都离不开学习,在适应环境上,学习的作用就更加不能忽视。当你接触到新的事物时,必须通过学习来认识和接受新的事物,然后你才会对新的事物感到熟悉,感到适应。

适应学习主要通过增强学习适应能力来实现。所谓学习适应能力,指的即是在适应环境的过程中,你所表现出来的发现问题、解决问题及评判问题的能力。刚刚进入新的环境,出现问题是在所难免的,所以,你必须及时发现问题,并找出问题产生的根本原因；然后对问题进行分析，找到解决问题的方法；最后对问题进行评价和总结，建立更适合新环境的评判标准，让自己尽快融入新环境之中。如何培养学习适应能力呢？下面介绍了几种培养学习适应能力的方法，希望对大家有所帮助。

培养学习适应能力的方法

培养学习适应能力的方法有以下几种：

培养开放的学习态度；

培养敏锐的观察力；

训练灵敏的听力；

训练你的思维能力。

所谓开放的学习态度，指的即是通过多种方式，获取各种各样的信息和知识，而且要抓住一切学习的机会，随时随地进行学习。只有持开放的学习态度，你的知识储备才会越来越丰富，你的学习适应能力才会越来越强。如何培养开放的学习态度呢？首先，你必须要抓住一切学习的机会，随时随地进行学习。学习绝不仅限于课堂上、书本上，在生活中，总是有很多东西值得我们去学习，比如其他人在生活中积累的经验、生活中的新奇现象等，都值得我们去探究、去学习。

其次，你必须要想办法拓宽自己的知识面，不能只是把目光锁定在自己的专业上。现代社会越来越强调人的综合能力，而且各专业之间本来也存在着内在的联系，如果只注重自己的专业而忽视了其他的专业知识，那就会让自己的知识面过于狭窄，从而导致自己在激烈的市场竞争中被淘汰。此外，你还可以通过多种方式来学习，别让自己的学习过于死板。对于学习的结果，也不要只追求问题的解决或取得的成绩，应该从多个角度去看待学习的结果，比如能力的提高、知识的丰富、经验的积累等，都是学习的结果。如果把学习结果看得过于狭隘，就会大大制约你的长效学习。

　　培养敏锐的观察力可以让我们迅速发现新的事物，获取新的信息，可以有效地提高我们的学习适应能力。如何培养敏锐的观察力呢？首先，你应该加快自己的观察速度。到一个陌生的环境环视一周，然后记下所有你看到的东西，越详细越好；接下来再回到原处仔细观察，看看自己遗漏了什么，不要放过任何一个细节。反复进行这样的训练，你的观察速度就会提高。或者你也可以坐在车里看窗外的景物，当你到达终点的时候，将自己所看到的景物都记录下来。反复进行这样的训练，也可以提高你的观察速度。

　　再次，你应该扩大自己的观察范围。来到一个新的环境，仔细看前方一分钟，然后将你所看到的全部记录下来，越多越好。记录完以后，找到自己记录中处在最边缘的物体，看看边缘物体的旁边还有什么。反复进行这样的训练，你的观察范围就会越来越大了。此外，你还应该确保观察的准确性。观察某一物体一分钟，然后回想这个物体的特征，要尽可能详细地描述出这个物体的所有特征，包括颜色、质地、花纹、形状等等。记录后再看一眼物体，看看自己的描述是否准确无误，以及还有什么遗漏的地方。可以从简单的物体练起，然后一点点过渡到复杂的物体。在不断的练习中，你观察的准确度也会有所提升。

视觉虽然是我们获得信息的主要途径，但却不是唯一的途径。除了视觉，听觉也很重要，如果能让自己的听力更灵敏一些，那么你就会捕捉到更多的信息。如何训练我们的听力呢？听广播中的新闻，并用笔记录下来，记录得越详细越好。或者你也可以听电视中的新闻，但是注意不要用眼睛去看，只用耳朵去听。我们总是习惯了用眼睛去看，这样就无法发挥出听力的全部作用。如果眼睛和耳朵同时都发挥作用，那么你学习的效果显然就会更好了。刚开始训练的时候，你可以在安静的环境中进行，过了一段时间以后，你就可以到稍嘈杂一些的环境中进行，这样可以让你的听力更加灵敏，在众多的声音中获取有价值的信息。

思维能力直接关系到你的学习效果，如果你的思维不够灵活，总是以一种方式去思考问题，那么你的学习效果就不会太好，而且效率也很低。如何训练思维能力呢？反向思维、发散思维和立体思维是比较有效的方式。所谓反向思维，就是指从事物的反面去思考问题；所谓发散思维，即是指从多个角度去思考问题；所谓立体思维，则是指将各种信息组合在一起对问题进行分析。将这几种思维方式灵活运用，你的思维能力自然就会有所提高。当然，适应学习的方法还不止这些，在不断的摸索中，相信你会找到最适合自己的方法。

学会正确面对挫折

人生布满了荆棘,我们想的唯一办法是从那些荆棘上迅速跨过。
——伏尔泰

在人生的旅途中,每个人都不可避免地要遇到各种各样的挫折,没有哪个人的人生是一帆风顺的。既然挫折是客观存在的,那么我们所能做的就只有适应挫折,尽量减少挫折带给我们的伤害。一个适应能力强的人,不仅要适应各种陌生的环境和新的事物,同时也要学会适应挫折。只有适应了挫折,我们才能在面临挫折时占据主动,不悲观、不气馁,继续向着我们的目标前行。如何去适应挫折呢?下面介绍了几种适应挫折的方法,希望对大家有所帮助。

适应挫折的方法有以下几种:

调整你的心态;

调整你的期望值;

改变思维定式;

改变你的行为方式;

控制不良情绪;

完善你的人格;

寻求其他支持。

挫折是客观存在的，谁都没有能力让挫折消失，但是对待挫折的态度却是我们主观决定的。有些人把挫折看成是对自己的一次历练，在挫折中，他们变得更加成熟。对于这样的人来说，挫折是福而不是祸。但是也有些人把挫折看成是一种灾难，并因此认为自己的能力很差或者感到自己的人格受到轻视、权利被剥夺，产生严重的挫折感。这种挫折感会令他们痛苦不堪，对自己、对未来、对人生都失去了希望。对待同样的挫折，采取不同的态度，那么所产生的结果也是不同的。所以说，以积极的态度去面对挫折，是适应挫折的第一步，也是重要的一步。

有些时候，由于我们自己的期望值过高，当结果没有达到期望值时，我们就会产生挫折感。如果是这样，那就应该及时调整自己的期望值，不要让自己陷在挫折之中。一般来说，对自己不够了解、不能正确评价自己的长处和短处、对困难估计不足等因素都可能导致期望值过高。所以，正确地评价自己，客观地分析问题，就可以对期望值做出适当的调整，让自己从挫折的阴影中走出来。

很多人都存在一种思维定式，对于事情的结果只有两种评价，一种是成功，另一种是失败。一旦事情没有成功，他们就会觉得受到挫折。要适应这样的挫折，就必须摆脱这种思维定式，从另一个角度去看待事情的结果。其实，事情的结果绝不是仅有成功和失败这两种，即使没有取得成功，你也一定会有其他的收获，至少你会知道以这种方式去做这件事是行不通的。如果你能够看到结果中积极的一面，那么你就不会被这样的挫折击倒了。在遇到挫折的时候,将你的收获记录下来,你的挫折感就不会那么强了。

你遇到的挫折	在此期间你有什么样的收获

　　心理学研究表明,具有某种行为模式的人更容易在生活中受挫,如果你也具有这种行为模式,那么适应挫折的最好方法就是改变你的行为方式。容易受挫的行为模式主要表现在以下几个方面:一是人比较急躁,没有耐心,做什么事都很着急,总像在赶时间;二是喜欢争强好胜,总是不安于现状,总觉得自己应该比别人强;三是言语和行动常常带有攻击性,对其他人很不友好;四是精神过度紧张,很难让自己放松下来。如果你已经有了与上述相符的特征,那就要尽快做出改变,培养更适合自己的健康的行为方式。

　　在遇到挫折时,总是会伴随焦虑、忧伤、烦躁、失落、恐慌等不良情绪的产生,要适应挫折,就必须尽快摆脱这些不良的情绪。如果能控制住这些不良情绪,就可以在一定程度上减少挫折对身心造成的伤害。摆脱不良情绪的方法有很多,比如,你可以到一个僻静的地方放声大喊或者放声大哭;你也可以做剧烈的运动,让自己多流些汗,只要你觉得过瘾,觉得痛快。此外,你还可以做一些其他的事情,转移一下注意力,或者找个人倾诉你的心声。当然，你可能会有更好的方法。总之，在面对挫折时，一定要注意及时将你的不良情绪宣泄掉，千万不能任其蔓延下去。

完善人格是适应挫折最有效的方法，而且是长期有效的方法，因为一个人格完善的人，一定可以客观、冷静地看待自己的人生经历，必然也能有效应对人生的挫折。如果你觉得自己实在无法适应挫折，那么不妨去寻找其他的支持来帮助自己。比如你可以让你的亲人和朋友来帮助你，他们的观点和看法或许会对你起到积极的作用。如果这些支持还是不能让你适应挫折，那么你就只能去寻找专业的心理支持，请心理医生来帮助你。总之，在遇到挫折时，一定要积极采取措施，想办法去适应，并尽快走出挫折，别因为一次小小的挫折就一蹶不振。

适应成长，接受全新自我

人类被赋予了一种工作，那就是精神的成长。

——列夫·托尔斯泰

我们每个人都在经历着成长的过程，从啼哭降世的初生儿，到咿呀学语的婴儿，经过天真烂漫的童年、奋发图强的青年、成熟稳重的中年，最后到步履蹒跚的老年，每个人的一生都要经历无数次变化。这样的变化是人的成长轨迹决定的，谁都改变不了。在人生的各个阶段，你的生理情况、心理状态、在家庭和社会上所扮演的角色等都会发生变化。要想拥有较强的适应能力，就必须适应这一自然的成长过程，及时调整自己的心态，适应自己的新角色。如何去适应成长呢？如果你还没有自己的想法，那么下面的方法可能会对你有所帮助。

让自己适应成长的方法有以下几种：

对自己目前的状况有一个正确的认识；

扮演好自己的角色；

尽到自己应尽的责任和义务；

让过去成为美好的回忆，活在当下；

乐观地看待衰老。

首先，你必须对自己目前的状况进行认真的分析和客观的评价。比如你目前的身体状况如何，精神面貌如何，身体的各项生理机能是处在上升阶段还是下降阶段，自己目前可以承受多大的运动量等。找到自己跟以前相比所发生的变化，想一想究竟是什么导致了这些变化，是成长过程中不可避免的还是主观因素造成的。如果是成长过程中不可避免的，你就要想办法去适应这些变化；如果是主观因素造成的，那么你就可以通过调整自己的心理或行为来消除这些变化。认真填写下面的表格，它会帮助你了解自己目前的状况。

年龄	身高	体重	职业	收入	婚否	体能情况	精神面貌

在认清自己目前的状况以后，你需要找到自己的角色，并认真扮演好这个角色。在人生的不同阶段，你所扮演的角色都是不同的。比如在上学的时候，你所扮演的角色就是孩子和学生，在家里，你是父母的孩子；在学校，你就是一名学生。等你组成了自己的家庭以后，你的角色就会复杂了。在公司，你是一名职员；在你自己组成的家庭里，你是丈夫或妻子；在你父母的眼中，你仍然是他们的孩子；在你爱人父母的眼中，你就变成了姑爷或儿媳；在你有了孩子以后，你就又多了一个角色，父亲或母亲。认识到角色的转换，并尽快熟悉你的新角色，这是适应成长的关键。

角色不同，所承担的责任和义务就会有所差别。随着年龄的增长，你必然要承担起更多的责任和义务，很多人就是因为害怕承担过多的责任和义务，所以才会排斥成长。但成长毕竟是不可避免的，谁都不可能永远活在18岁。

刚刚步入社会的大学生很容易感到不适应，因为社会与学校的环境有很大差异，除此之外，他们最不适应的其实是要靠自己来养活自己。以前都是花父母的钱,现在忽然要自己承担这样的责任,尤其是在工作频频受挫的时候,他们就更是对自己的成长感到不适应,希望再次回到学生时代。

过去的时光即使再美好,也已经永远地成为过去了,把过去的美好回忆封存在记忆深处,努力活在当下,这才是你最应该做的。总是怀念过去的时光会让人错失现在的美好,给自己的人生留下遗憾,事实上,活在记忆中也是逃避成长的一种方式,是一个人适应能力较差的表现。所以,把自己的时间和精力都用在当下,努力去适应现在的一切,这才是最重要的,毕竟只有现在才是最值得珍惜的。如果你能在任何时候都活在当下,那么你也就适应了成长。

对于成长,人们最不能适应、最无法接受的可能就是衰老了,很多人甚至都对衰老产生了恐惧心理,生怕自己会变老。但我们应该清楚,生老病死是自然界的一般规律,谁都无力抗拒。尽管人人都不希望自己衰老,但是我们却都有衰老的一天,到那个时候我们要怎么生活呢?一味地悲观抱怨有用吗?那只会让我们活得更糟。如果你能够接受人终将衰老的事实,并积极地看待人的老年生活,那么适应成长自然也就不成问题了。

你可以试着多接触一些幸福的老年人,走进他们的生活,他们的幸福生活会感染你,使你不再排斥老年生活;也可以多读一些老年人老有所为的事迹,学习他们积极乐观的态度,发现年老的优势。其实,老年人社会阅历和知识储备都比较丰富,看问题看得比较透，想事情想得比较开。老年时期是人内心最平静的时期，因此老年人更懂得生活，更珍惜生活。没有了年轻时的冲动与轻狂，不必再为名利而奔波，也不必再为人情而苦恼，远离尘世的喧嚣，寻找一片内心的净土，安静地享受生活、感受生命，也只有在这个时候，人才能真正地感受到是在为自己活着，才能真正体会到生命的价值、生活的意义。这样的老年生活有什么不好的呢？

第九章

交际力:
打造属于自己的核心圈

双赢思维,人际关系的原则

> 金科玉律已深植我们脑海,现在则是奉行不渝的时刻。
>
> ——马克姆

每个人都渴望拥有良好的人际关系,因为良好的人际关系既是快乐的源泉,也是成就自我的基础。生活在世界上,任何一个人都不是孤立的,无论你从事何种工作,都免不了要和其他人打交道。如果你的人际关系不好,那就会直接影响你的心情,也会影响你的工作效率。人际关系的不和谐是成就自我道路上的绊脚石,我们要达到成就自我的终极目标,就必须剔除这块绊脚石,让自己拥有良好的人际关系。

如何拥有良好的人际关系呢?用双赢的思维与人交往,是建立良好人际关系的关键。双赢,即是双方都能在交往的过程中有所收获。如果你觉得与其他人接触是一件愉快的事,而且其他人也非常愿意与你接触,你们都能在交往的过程中得到自己想要的,那么这样的人际关系就是双赢的人际关系。如果你能做到这一点,那么你就一定可以拥有良好的人际关系。

你具有双赢思维吗

读下列内容,看与你是否相符:

你很看重个人利益,你所做的一切也都是以个人利益为出发点的;

你觉得竞争是很残酷的,不是你死就是我亡,所以你必须想办法让自己在竞争中取胜;

你很少考虑别人的观点,也很少顾及别人的感受;

你很会为别人着想,向来都是以别人的利益为重,即使牺牲自己的利益也没关系;

你不太善于和别人沟通,在沟通的时候也常常会口是心非。

认真分析上面的几项特征,看看这些特征是否与自己的实际情况相符。如果你总是将自己的利益放在第一位,凡事都以自己的利益为出发点,那么你就忽略了对方的利益。一个具有双赢思维的人,必然会在考虑自身利益的同时,也将对方的利益考虑进去,让双方都能获利。

如果你认为社会上充满了竞争,把身边的人都当成自己的竞争对手,那么你就会以一种敌对的态度去看待对方。你会觉得其他人的利益已经威胁到了你的利益,所以你必须要为了保证自己的利益而努力,而这样的竞争又常常是以牺牲他人的利益为代价的。如果你总是把别人当成你的竞争对手,那么你的人际关系就很难和谐。一个具有双赢思维的人,一定会更注重合作,而不是竞争。

如果你很少考虑别人的观点，也很少顾及别人的感受，那你就太以自己为中心了。你的自以为是会对身边的人造成伤害，让他们都远离你。每个人都渴望被尊重、被认可。对于不尊重自己的观点，也不顾及自己感受的人，相信你也会避而远之吧？一个具有双赢思维的人，会尊重其他人的观点，哪怕是自己不认同的，他也会给予理解；一个具有双赢思维的人，会充分考虑自己和他人的感受，让双方都感到愉快。

与前几种不同的是，有些人很会为别人着想，对于别人的事，他们总是很上心，但是他们却常常忽略了自己的感受，甚至为了成全别人而牺牲自己的利益。一个具有双赢思维的人，绝不会为了他人而委屈自己，他会尊重别人，但他也会表达出自己的意愿和需求，他不会吝惜自己的付出，但也不会一味地付出和给予，他同样看重自己的收获。

如果你不能真诚地与其他人沟通，总是随声附和或口是心非，就会让别人觉得你很虚伪，从而不愿意与你交朋友，也不愿意与你再交往下去。不把自己内心的真实想法表达出来，也就不可能听到对方的心声，双方都不了解对方的真正需求，当然也就不可能实现双赢了。一个具有双赢思维的人，既能够说出自己的真实想法，又能够认真听取其他人的想法。双赢必须建立在真诚的基础之上，以虚伪的面目示人，是达不到双赢的目的的。

双赢思维的外在表现有：

在与他人交往的过程中，总是致力于寻求双方的共同利益，既为别人着想，也懂得维护自己的利益；

把生活看成是一个合作的舞台，而不是一个竞争的战场；

尊重他人的观点，体谅他人的感受，同时也能适时表达自己的观点和感受；

善于与人沟通，将心比心，真诚地与对方交往。

完成你的人生重心原则图表

把你以前填写过的人生重心原则图表重新看一遍，看看你的重心图表是不是正在按照你的意愿而发生，你的生活是不是正在向着你的理想而迈进。经过这一段时间的训练，相信你已经为成就自我做了很多努力，也取得了一定的成绩。继续努力下去，你会离你的目标越来越近。现在，马上来完成本章的人生重心原则图表吧！

	1	2	3	4	5	6	7	8	9	10
爱情										
配偶										
家庭										
家居										
健康										

休闲								
享乐								
精神								
友情								
敌人								
自我								
事业								
创造力								
金钱								
名利								

不可不知的波纹效应

成功的第一要素是懂得如何搞好人际关系。

——西奥多·罗斯福

什么是波纹效应呢？我们不妨来做一个小实验：到河边捡起一个石块扔进河里，然后观察水面的变化。当石块落入河里之后，水面就会以石块的落点为中心，泛起一圈圈波纹，而且一圈比一圈的范围大，不断地向外扩展。在生活中，人与人之间都是相互影响的，你也许还没有意识到，你的一言一行都会对别人造成一定的影响，而且这种影响也会像水面的波纹一样，不断地向外扩展，这就是波纹效应。你可以通过你的言行，让很多人的生活都发生改变。不管你愿不愿意相信，这都是千真万确的。

不要以为只有名人才能产生波纹效应，只要你愿意，你就可以成为波纹效应中的一部分。举一个简单的例子，当你对身边的人微笑时，他们的心情就会因此而愉悦起来，他们的好心情又会感染他们身边的人，依此类推，你的一个微笑就可以换来很多人的好心情，他们可能是直接受你的影响，也可能是间接受你的影响，总之都与你的微笑有关。这里说的是积极的影响，消极的影响也是如此。如果你跟一个人吵了一架，那么他的心情就会变得很糟糕，于是他就会对他身边的人很不礼貌，甚至与其发生冲突，使得他身边的人也不开心。所以说，你一定要注意自己的言行，要给人积极的影响，而不是消极的影响。

你是波纹效应的哪一部分

在波纹效应中，有几个不同的位置，有些人处在波纹的中心，这些人的影响力是非常强的，而且他们基本上可以不受其他人的影响；有些人处在波纹的最外层，这些人很容易受到其他人的影响，但他们自己却基本上不会对其他人产生影响；大多数人则处在这两个位置之间，这些人既会受到其他人的影响，同时也可以去影响别人，而且所处的位置离中心越近，他们的影响力就越强。你知道自己处在哪个位置吗？

我们在前面已经提到过影响力的重要性，所以如果你现在还处在波纹的最外层，那就要马上想办法扩大影响力，让自己回到波纹的中间部分来。当然，你对他人的影响必须是积极的，消极的影响不但不利于改善你的人际关系，而且还会让你的人际关系越来越差，谁愿意和一个让自己感到不快的人交往下去呢？所以，在与人交往的过程中，我们必须努力给人积极的影响，这样你所产生的波纹效应才会是积极的，才会让你拥有良好的人际关系。如何给人积极的影响呢？

给人积极的影响

要想给人积极的影响，你可以这样做：

你的情绪是积极乐观的；

尽自己所能去帮助你身边的人；

把微笑挂在脸上；

用有效的方式启发别人。

要给人积极的影响，你必须首先保证自己是积极乐观的。人的情绪是可以相互感染的，经常跟积极的人在一起，你就会变得越来越积极；经常跟消极的人在一起，你就会变得越来越消极。所以，你必须让自己变得更积极、更乐观，这样你才能给人积极的影响。

帮助别人也可以给人积极的影响，因为你的帮助会让他们感到温暖、获得力量、走出困境，他们会因此而感激你、信任你，你们之间的关系也自然会越来越好。另外，他们受到你的感染，也会主动去帮助别人，这会让你的影响进一步扩大。我们常常说帮助别人是让自己快乐的有效方法，其原因就在于此。想一想你身边的人需要什么，你该以怎样的方式去帮助他们，填写在下面的表格里，并尽快开始行动吧！

	他们需要什么	你会以什么样的方式去帮助他们
你的家人		
你的朋友		
你的邻居		
你的同事		

微笑的力量是不可忽视的，它总是能带给人好的心情，将友善传递下去。要给人积极的影响，微笑是一个很好的方法，而且这个方法做起来也很容易，也会让你更有魅力，更加迷人。即使对陌生人，你的一个微笑也会对其产生积极的影响。

启发别人也是产生积极影响的有效方式，但却未必是所有人都能做到的。因为要让别人受到启发，就必须拥有丰富的知识和足够的智慧，否则你是没有办法有效地启发别人的。所以，丰富知识、增长智慧也是你需要去做的。

人际交往的6种模式

我愿意付出比得到天底下其他本领更大的代价去获得与人相处的本领。

——约翰·D.洛克菲勒

人与人的交往不可一概而论，同一个人在与不同的人交往时也常常会有不同的结果，这主要是由人的性格和思维模式决定的。想一想你和不同的人交往的经历，有些交往是你们双方都感到很愉快的，有些交往是对方感到愉快而你不愉快的，有些交往是你很愉快但对方不愉快的，有些交往是你和对方都很不愉快的，还有些交往是根本就无法进行下去的，等等。由此看来，人际交往确实是很复杂的，但总的来说，人际交往都离不开6种模式。

人际交往的6种模式

人际交往的6种模式是：

利人利己；

损人利己；

利人损己；

损人不利己；

利己不损人；

好聚好散。

利人利己即是我们前面提到的双赢，双方在谋求自己利益的同时，也会充分考虑他人的利益，所以双方都能在交往的过程中得到自己想要的。利人利己的交往模式是最佳的交往模式，也是值得我们每个人去追求的交往模式。这种模式的关键之处就在于寻找一种两全其美的方法，让双方都能有所收获，都感到愉快。由于双方都能在与对方交往的过程中得到自己想要的，所以他们都很乐意将这样的交往进行下去。以利人利己模式交往的人，可以长期保持交往，而且他们之间的感情也是最为牢固的。

损人利己即是通过损害别人的利益来获得自己的利益，这种交往模式在竞争中体现得尤为明显。两个人同时竞争一个升迁名额，谁表现得更好、能力更出众，谁就可以获得这个名额。名额毕竟只有一个，如果对方得到，那自己就没戏了。于是，有些人开始到处散布谣言，诽谤对方的工作能力，甚至故意给对方制造麻烦，让对方在关键时候出丑，以损害对方的手段来达到自己的目标，这就是损人利己者的常用伎俩。损人利己的交往显然是无法长久的，这样自私的人也很难拥有真正的朋友。

利人损己即是通过损害自己的利益来成全他人的利益，这种交往模式也是不值得提倡的。利人损己者总是喜欢委曲求全，他们害怕惹是生非，害怕得罪人，所以他们不断压抑自己的真实情感，一味地讨好别人、顺从别人。这固然可以博得对方的欢心，尤其是很对损人利己者的胃口，但压抑自己的情感毕竟不是长久之计，时间一长，压抑的情感就会爆发出来，甚至会走向极端，这是非常危险的。而且没有自己的欲望和追求也不会得到其他人的尊敬，即使能博得损人利己者一时的欢心，也难以得到真正的友情，谁会把一个唯唯诺诺的人视为知己呢？

损人不利己即是为了损害对方的利益而不惜牺牲自己的利益，也就是我们通常所说的两败俱伤，这种交往模式是最不值得提倡的。如果两个顽固不化的人遇到一起，就很容易出现这种状况。由于两个人谁都不肯退让，相持下去就可能激发矛盾，从而衍生报复对方的心理。这时，他们的脑海里想的只是要损害对方的利益，为了达到这样的目的，他们可以不择手段，所以他们根本不会考虑自己的利益是否也受到了损害，只要损害了对方的利益，他们就认为自己已经达到了目的。这种互相伤害的交往模式一定要注意避免，否则将会对你造成十分恶劣的影响。

利己不损人即是努力获得自己的利益，但不以损害他人利益为前提。在不涉及竞争的情况下，这种想法是非常普遍的。如果对方的利益不会对自己的利益构成威胁，大多数人都不会刻意去损害对方的利益，他们只要得到自己想要的就行了。在这种情况下，两个人也非常容易成为好朋友，因为他们之间没有竞争，没有竞争就不会彼此伤害，所以他们的感情可以发展得很好。

好聚好散是指双方的思想没有任何交集，根本就走不到一起去，所以这样的两个人是注定成不了朋友的，但他们也不会成为敌人。既然合不来，那就不去进行深入的交往，也不去进行合作，把彼此的相识当成生命中的一段插曲，过后仍然回到以前的生活。

这样的交往模式也是存在的,只是很多人都没那么洒脱,做不到好聚好散。如果没有认识到双方的不可调和性,苦苦去追求让双方都满意的结果,那只能让彼此都疲惫不堪,而结果也只能是让两个人都失望。所以,学会好聚好散的交往模式,在交往前就做好分开的打算,对每个人来说都是非常重要的。

做到利己且利人

> 人生最大的财富便是人脉关系,因为它能为你开启所需能力的每一道门,让你不断地成长,不断地贡献社会。
>
> ——安东尼·罗宾

在人际交往的 6 种模式中,利人利己是最理想的模式。当然,即使你有利人利己的双赢思维,对方也未必会有。尤其是在与损人利己者交往的时候,即使你能够做到利人,对方也未必会配合你来利己。如果与利人利己者交往,那就非常容易了,因为你们都能考虑对方和自身的双重利益,所以做到利己且利人就并非难事了。由此看来,要做到利己且利人,除了要具备双赢的思维以外,还要掌握与不同的人的交往技巧。

做到利己且利人的技巧有：

了解自己和他人的真实需求；

具有表达自己真实想法的勇气；

体谅他人的处境和想法；

抱持富足的心态；

与对方建立互信关系；

寻求两全其美的方法。

首先，你必须了解自己和对方的真实需求。只有确定了双方的利益点，你才能知道如何利己、如何利人。如果你连自己和对方想要的是什么都不知道，那还谈什么利己利人呢？我们在前面已经探讨了如何去了解自己的真实需求，至于他人的需求，则需要你花点儿心思。如果对方是一个利人利己者，他一定会告诉你他需要什么，损人利己者的需求也很容易察觉，只有利人损己者的需要不太容易发现，因为他在乎的只是你的需求，而不会将自己的需求表现出来，所以你必须多花点儿时间去了解他的真实需求。

要在人际交往中做到利己，就必须让交往对象了解你的真实想法，否则即使对方很想满足你的需求，他也会无从入手，不知道该如何满足。所以，你必须要有表达自己真实想法的勇气，这是维护自己基本利益的需要。同时，你也必须要体谅对方的处境和想法，充分考虑对方的利益，绝不能只顾自己而无视他人的存在。也就是说，你应该做到勇气与体谅兼备。既有勇气表达自己的想法,又能体谅对方的想法;既有勇气维护自己的利益,又能设身处地地为对方着想。做到这两点,你就可以称得上是一个成熟的人了。

你应该抱持一种富足的心态,不要总是站在对立的立场上去看待身边的人。有些人总是见不得别人好,一旦身边的人取得了成绩,他们就会认为自己的利益受到了威胁,这样的心态是典型的病态心理,应该及时调整。相反,如果你总是能看到自己的发展空间,将其他人的进步看成是对自己的激励,那么你就会乐于看到其他人的成功。富足的心态与一个人的价值观有关,如果你能够树立正确的价值观,自然就会重视合作与交流,追求对双方都有利的结果。所以说,要拥有富足的心态,树立正确的价值观是关键。

接下来,你需要与对方建立互信的关系,这是非常关键的一步。只有两个人彼此信任,才能够妥善处理分歧,让双方的关系在一个正确的轨道上前行。如何与对方建立互信关系呢?现代人的自我保护意识都很强,通常情况下是不会轻易向人敞开心扉的,所以,要让对方信任你,首先你必须充分信任对方,让对方感受到你的真诚。虽然说一般人都不会轻易相信别人,但一旦你的真诚打动了他,而且你又特别信任他时,他就会对你敞开心扉,开始信任你了。与对方建立互信关系的关键就是要积极主动,让对方感受到你的真诚和对他的信任。

要做到利人且利己,最重要的就是要找到两全其美的方法,让双方都能得到自己想要的。我们总是说鱼与熊掌不可兼得，其实，两全其美的方法虽然不那么容易找到，但却并不是不可实现的。要找到两全其美的方法，你必须充分考虑你与对方的差异，并找到你们之间的调和点。即使你们的观点是不同的，但总有一种比较中立的观点，是你们都能接受的，以这种中立的观点去处理问题，就是最好的办法。任何两个人的观点都不可能是完全相同的，总会有出现分歧的时候，要做到利己且利人，就必须将两个人的观点都考虑进去，寻找一种让双方都能满意的解决办法。

要建立利己利人的人际关系，并非是你一个人所能决定的，你的交往对象也是非常重要的。如果你的交往对象不配合，那么即使你做得再好，你们之间的关系也不会是利己利人的。

做一个有意识的倾听者

做一个好听众，鼓励别人说说他们自己。

——戴尔·卡耐基

倾听是生活重要的组成部分，也是人际交往的基础。但让人感到遗憾的是，很多人由于种种原因都忽视了倾听。他们可能很善于阐述自己的观点，但是却很少倾听其他人的诉说。也有些人是听而不闻，虽然表面上在听，但实际上却根本没听进去。适当倾听他人的诉说，也会对他们产生积极的影响，这对于让你拥有良好的人际关系是非常有帮助的。也许你曾经忽略了倾听的重要作用，但是没关系，从现在开始学会倾听，你的人际关系就会越来越好。在学会倾听之前，你首先应该了解自己为什么没有倾听。

没有倾听的原因

你没有倾听的原因可能有以下几种：

你对对方说的内容不感兴趣；

你知道对方要说什么，这样的内容已经让你感到厌烦了；

你在想其他的事情，根本就没有心思听对方在说什么；

你在想如何表达自己的观点，并寻找合适的机会打断对方的话；

你不喜欢听其他人的诉说，你只希望别人来倾听你；

你总是觉得心神恍惚，这使你无法集中注意力来倾听他人的诉说；

你根本听不懂对方在说什么，但你又不好意思问，所以你只能用点头或微笑来敷衍对方。

想一想你为什么没有倾听，是不是由于上面的某种原因造成的呢？如果是其他的原因，那就把它也写下来。总之，你应该找到自己无法倾听的原因，然后你才能知道该如何去克服自己的倾听障碍，让自己学会倾听。如果你是因为心神恍惚才无法倾听，那么你可以通过集中注意力的训练来让自己学会倾听。当然，大多数人无法倾听的原因都与自身的错误观点有关，比如上面提到的几种原因就反映了这一问题，自私、要强、不尊重人等都是造成倾听障碍的主要原因。

由此看来，要克服自己的倾听障碍，首先应该克服自己的心理障碍，纠正自身的错误观点。你应该清楚，倾听对于改善人际关系是很有帮助的，一个不懂得倾听的人，是不可能拥有良好的人际关系的，更不可能拥有知心的朋友。你必须充分认识到倾听的重要性，这样你才有倾听的动力和耐心。在倾听的过程中，一定要放正心态，尊重对方，理解对方，有什么不懂的就把情况问清楚，这没什么丢人的，只会让对方觉得你很重视他、在乎他。你可以进行几次倾听的练习，帮助自己提高倾听的能力。

对方说了什么	你领会到了什么	你们之间有什么互动	对方在倾诉时的反应

记录几次你与其他人的交流过程，有意识地倾听对方。将对方所说的主要内容记录下来；了解对方要向你传达什么样的信息或要表达什么样的观点；在交流的过程中，你是否主动询问对方

的情况或给予对方建议，与对方形成互动；在你们的交流结束之后，对方有什么样的反应，是感到愉快舒适还是更加郁闷；等等。这些内容可以帮助你了解自己的倾听效果，找到你的不足。反复进行这样的训练，你的倾听能力就会有所提高。如果你做到了以下几点，你就做到了有意识地倾听。

如何做到有意识地倾听

做到有意识地倾听的方法有：

集中注意力去倾听对方说了什么；

不要随意打断对方的话；

能够对对方说话的内容进行简单的概括和总结；

对于自己不太理解或不太清楚的地方，要主动向对方询问清楚；

即使你不赞同对方的观点，也要表示理解；

将自己放在对方的位置，体会对方的感受；

让对方感受到被理解、被欣赏。

当对方感受到自己被倾听的时候，他就会表现得很放松，所以对方的表现是评判你倾听能力的重要标准。如果和你的交谈让对方感到很放松，那么对方就会觉得你是一个很好的倾诉对象，从而视你为知己，与你建立密切的关系，当你学会有意识地倾听别人，你就会收获良好的人际关系和坚固的友情。此外，当对方感到放松以后，他也会愿意倾听你的诉说，这样你们之间就形成了一个良性的互动，让双方都觉得是一种享受。所以说，要建立良好的人际关系,就必须学会有意识地倾听。

其实,有意识地倾听不仅可以帮助你建立良好的人际关系,而且还可以帮助你完善自我,摆脱困境。在你有意识地倾听别人时,他们的痛苦、愤怒、不满等情绪都可以发泄出来,这会帮助他们摆脱困境,重新振作起来。另外,当他们感到自己被倾听时,他们也会对自己的不足之处进行客观的分析,而你的理解又会让他们不断地完善自己。所以说,你的倾听对其他人的帮助是非常大的。当然,倾听是互相的,我们在上面已经提到过,当对方感到自己被倾听时,他也会愿意倾听你,所以你对他人的帮助其实也就是对自己的帮助。

第十章

成长力：
撬动指数式成长，用自己的步伐丈量时代

磨炼自己,自我更新的原则

伟大的成就往往源自微不足道的小事。每念及此,我总认为世上没有小事。

——巴登

当今社会的发展速度是非常快的,要跟上时代的步伐,就必须不断进行自我更新,从各个方面提高自己。我们都知道"工欲善其事,必先利其器"的道理,但在现实生活中却常常忘了使用。我们常常会抱怨某件事情很难做,但是你有没有想过你做不成这件事的原因呢?你之所以做不成这件事,是不是因为你还不具备做成这件事的能力呢?如果你不具备做好这件事的条件,那么即使你再努力,要完成这件事也会是非常困难的。

这就如同你拿着一把驽钝的斧头去砍伐一棵粗壮的大树一样。要想尽快将大树砍倒,你就必须保证斧头的锋利。同样的道理,我们要做好一件事,就必须保证自己具备做好这件事的条件。也就是说,我们必须增强自己的各方面能力,这样才能完成自己的目标,成就自我。我们处在一个复杂多变的社会之中,所以我们必须不断地进行自我更新,这是让自己立于不败之地的有效方法。如何进行自我更新呢?那就是从各个方面磨炼自己。总的来说,你可以从身体、精神、心智和社会交往4个方面来进行。

自我更新是指:

让自己的身体更健康;

让自己的精神更饱满;

让自己的心智更成熟;

让自己的社会交往能力更突出。

我们经常说"身体是革命的本钱",没有健康的身体,其他的一切都只能是空谈。所以说,无论你从事什么工作,处于何等职位,你的人生目标是什么,你都应该将健康放在第一位。因为健康是一切的前提,如果你的余生要在疾病中度过,那么即使实现了你的人生目标,那又有什么意义呢?连最基本的健康都保证不了,还谈什么享受生活呢?从身体方面磨炼自己是自我更新的重要组成部分,但却很容易被我们忽视。所以,你必须时刻提醒自己多做可以促进身体健康的事,比如吃营养餐、做适当的运动等等。这些虽然都是生活中的细节,但生活质量的提高往往就体现在细节上,谁更重视细节,谁的生活质量可能就越高。

身体健康固然重要,但精神健康也同样是不容忽视的。精神空虚是现代人的通病,这与人们对精神生活的忽视有着密切的关系。不可否认,如今很多人都把物质生活看得过重,过于追求物质生活的质量,使得人们的精神生活缺少内容。我们应该清楚,精神生活是生活的重要组成部分,不仅要有,而且还要讲究质量,这样你的生活才会饱满,你才会对未来充满希望,积极努力地去生活。

一个人从不成熟走向成熟,总要有一个过程,不同的只是过程的长短。要让自己尽快成熟起来,就必须磨炼自己的心智,而磨炼心智的最佳方法就是接受教育或进行自我教育。在不断的教育中,你的心智就会变得越来越成熟。一个成熟的人,自然可以理智、客观地面对生活中的一切悲欢离合,这是最为难能可贵的。心智的成熟与年龄并没有必然的联系,有些人到了中年仍然不够成熟,就是因为他们没有及时更新自己的大脑,不懂得磨炼自己。

社会交往能力也需要在不断的磨炼中得以提高,如何为人处事,如何与其他人建立良好的人际关系,这都是需要你去摸索和探究的。随着你的社会交往能力不断增强,你的朋友会越来越多,你的人脉网络也会越来越广,这会更有利于你开展工作,同时也会让你的生活更快乐。为什么说社会交往能力也需要更新呢?主要就是因为社会在不断地发展变化,每个人的想法也都在发生变化,社会随时都会对你的社会交往能力提出更高的要求,所以你必须不断提高自己。

其实，很多人都在不自觉地进行自我更新，只是他们还没有意识到而已。想一想你是不是已经开始注意饮食并坚持每天都出去散步呢？想一想你是不是已经开始关注自己的业余爱好并做一些与其相关的事情呢？想一想你是不是已经考虑参加一个辅导班来提高自己呢？想一想你是不是已经在寻找与其他人交往的技巧了呢？如果你正在做这些事情，那么你就在进行自我更新，坚持做下去，这将对你非常有帮助。如果你还没有进行自我更新，那就要加一把劲儿了，从现在开始，分别从上面的4个方面来更新自己吧！

完成你的人生重心原则图表

训练到这儿，成就自我的训练就已经接近尾声了，相信在这段时间的训练中，你一定有了自己的收获。现在来填写本书的最后一张人生重心图表吧，虽然这是本书的最后一张图表，但它却不应该是你的最后一张图表。你应该把填写人生重心原则图表的好习惯坚持下去，随时了解自己的需求，明确自己的努力方向，这样你的生活才会越来越好。

	1	2	3	4	5	6	7	8	9	10
爱情										
配偶										
家庭										
家居										
健康										
休闲										
享乐										
精神										
友情										
敌人										
自我										
事业										
创造力										
金钱										
名利										

适当做些运动

阳光、空气、水和运动,是生命和健康的源泉。

——希波克拉底

　　从身体方面进行自我更新主要是通过饮食和运动来实现的。制定健康的食谱,养成良好的饮食习惯,这是在饮食方面需要注意的。关于饮食,在让自己更健康一章中,已经做了详细的介绍,这里主要介绍运动。通过合理地运动,可以增强机体的免疫力和抗病毒能力,优化各组织器官的功能,有效地促进健康。而缺乏运动的人,组织器官及其机能衰退得很快,免疫力和抗病能力都有所下降,这必将带来多种疾病,甚至影响人的寿命。所以说,适当运动是促进健康的有效途径,如果你希望自己更健康,那就赶快动起来吧!

　　运动是很有讲究的,不要以为你随便动几下就能促进健康。你所选择的运动方式、运动时间以及运动过程中的一些细节问题都将直接影响你的运动效果,无论你忽略了哪一点,都可能让你徒劳无功,甚至还会对身体造成伤害。所以,在运动之前,你必须了解一些基本的运动保健常识,并根据自己的体质选择最适合自己的运动方式,为自己量身打造一份运动计划,只有这样,才能有效地促进健康。

餐后半小时内不要进行任何运动,半小时后可进行轻微的运动,一小时后可进行中度运动,两个小时以后方可进行激烈的运动。

傍晚锻炼的效果是最好的,因为人的体力和肢体的敏感度及适应能力在黄昏时可达到最高点,而且此时的心跳频率也是最为平稳的,所以最适合锻炼,但不能进行强度过大的运动,以免影响睡眠。

晨练应该在日出以后进行,因为植物只有在日出后才能进行光合作用,空气中的氧气量才能上升,日出前的二氧化碳含量是比较高的,对健康不利。如果遇到雾天,则应该停止晨练。

不要选择吵闹繁杂、车流来往频繁的地方进行锻炼,以免吸入污浊的空气危害身体健康,自然条件良好的公园、河边等场所是运动的首选之地。

在运动时,要穿运动装和运动鞋,以免在运动中损伤身体。

运动后要记得补充水分,以防身体失水过多。如果进行晨练,在运动前也要补水,因为身体经过一夜的排泄,在早上的时候已经处于脱水状态了,所以必须要补水才能进行锻炼,否则对健康是十分不利的。

饮酒后不宜运动,因为酒后人体的平衡性和协调性都比较差,很容易发生意外,而且酒后运动也会加重心脏、肝脏以及肠胃的负担,并会产生更多的乳酸,使人更加疲劳,所以千万不要在酒后运动。

偶尔运动会加重生命器官的磨损和组织功能的降低,不但对健康无益,反倒会危害身体健康,所以运动贵在坚持,切不可三天打鱼、两天晒网。

空腹的时候不要运动，因为运动是要消耗能量的，而空腹时体内并没有多余的能量，这就要消耗体内储存的脂肪，给心脏和肝脏造成负担，严重者甚至有猝死的危险。

运动后不要马上洗澡，但可以在心率恢复稳定、发汗也停止以后进行。剧烈运动后要做一些舒缓放松的运动，不要马上静止下来。

身体不适时不要强行运动，以免加重身体的不适等。

运动的方式有很多种，但总的来说可以分为有氧运动和无氧运动两大类。有氧运动是指人体在有氧状态下所做的运动，运动的时间较长，但强度不大，如慢跑、爬山、游泳、骑自行车、快走、有氧健身操等。而无氧运动则是指肌肉在缺氧的状态下，所进行的一种高速剧烈的运动，运动的强度较大，一般都很难维持较长的时间，如短跑、举重、跳高、跳远、拔河、肌力训练等。如此繁多的运动种类，究竟哪一种才是最适合你的呢？你可以通过了解各种运动的功效以及你自身的感受来选择。

运动方式	功效	你的感受
爬楼梯	增强腰背部及腿部的肌肉和韧带的力量，使关节更灵活，促进血液循环和新陈代谢；保护心血管健康；有助于消除多余的脂肪，保持体形	
游泳	促进人体的新陈代谢，改善神经系统、心血管系统、呼吸系统、消化系统功能；促进血液循环，使皮肤健康、光泽而富有弹性；锻炼肌肉，矫正体形；提高机体的适应能力	

健身操	放松精神，愉悦心情，消除体内的多余脂肪，有助于塑造优雅的体形；促进新陈代谢，改善血氧交换功能，强化人体的免疫系统；培养自身的协调性和平衡感	
跳绳	增强脑神经细胞的活力，有活络醒脑之功效；锻炼身体的平衡感和敏捷度，燃烧掉大量的热量	
骑自行车	促进血液流动，强化心脏和微血管组织，使心肌收缩有力，血管更富有弹性；加速下肢的血液循环，预防静脉曲张	
打羽毛球	促进全身的血液循环，改善心血管系统和呼吸系统的功能；锻炼人的判断力和反应力，提高神经系统的灵敏性和协调性	
太极拳	改善人体中枢神经系统、心血管系统、呼吸系统、骨骼肌肉系统以及代谢系统等系统功能；使人情绪饱满、精神焕发、心情舒畅，可辅助治疗多种疾病，如高血压、胃溃疡、心脏病、肺结核、关节炎以及一些免疫系统疾病等	
下蹲	延缓和防止肌肉、骨骼关节的老化，保障双腿的健康，并能够帮助心脏传输血液，减轻心脏的负担；消耗掉大量的热量，有提臀、减肥的功效，并可以促使人体分泌出更多的激素，保证矿物质及维生素的吸收，强壮骨骼、预防骨质疏松	

上面介绍的只是几种运动方式，你可以随意添加其他的运动方式。根据你的身体状况选择几种运动，写下你运动后的感受，保留那些能够使你在运动后感觉良好的运动方式，继续锻炼下去。在找到适合你的运动方式以后，你可以为自己制订一份运动计划，并要求自己按照计划来进行锻炼。一般的人都应该以有氧运动为

主,且进行有氧运动必须坚持 30 分钟以上方可见效。无氧运动可作为辅助运动,运动的时间要短,但刚开始的时候不宜进行。如果是身体素质较好的人,则可以通过无氧运动来提高自己的肌肉力量和爆发力。

在制订运动计划时,一定要多选择几种运动方式,并将不同的运动方式穿插开,这样可以使运动变得更有趣味性,使你容易坚持下去。需要注意的是,无论进行哪一种运动,都要做到适量,既要达到运动的目的,又不能给自己造成负担。你可以用你运动后的精神状态和工作效率来进行评判,如果你精神状态良好,工作效率也有所提高,那么你的运动就是适量的;如果你出现疲倦劳累、注意力无法集中、工作效率下降等状况,那就是运动过量的表现了。

努力提高精神境界

在寂静的精神世界里,每天都进行着生命最大的战争。

——马偕

从精神方面进行自我更新,主要通过陶冶精神来实现。在进行陶冶精神的训练之前,你首先应该对自己目前的精神生活做一个评价，了解了现在的状况，你才能对比出你的训练效果。想一想你的精神生活都有哪些内容就可以作出整体的评价了。如果你精神生活的内容很少甚至一点儿都没有，那就要马上做出改变了。如何进行陶冶精神的训练呢？不同的人可能会有不同的方法，你也可以根据自己的实际情况选择能够提升自己精神层次的方法。

提升精神层次的方法有以下几种：

用音乐来丰富你的精神生活；

用文学作品来涤荡你的精神世界；

用静默冥想来感受生命的脉搏；

到大自然中寻找人生的真谛。

匈牙利钢琴家李斯特说："音乐是人类的万能语言，用这种语言可以和任何人沟通。"的确，音乐的力量是神奇而伟大的，它可以使沮丧之人重新振作起来，使绝望之人获得重生，使懊恼之人内心平静，使疲惫之人身心放松等。音乐如一股潺潺的清泉，陶冶人的性情，抚慰人的心灵。不同的音乐会带给人不同的感受，这是因为不同的音乐有着不同的内容和含义，当你能够体会到音乐所表达的情感和内涵时，你就会产生共鸣。

如何用音乐来陶冶精神呢？首先，我们应该准备好一个高保真的音响或者一个轻巧便携的随身听，还要记得购买正版的音乐，因为这样可以保证音效，更容易将你带入音乐的意境之中，唤起你的共鸣。其次，我们还应该注意选择音乐的类型，要"择优而听"。孔子曰:"淫声不可入耳。"靡靡之音只会使人情绪低落,思想消沉,过于刺激、疯狂的音乐也会让人心烦意乱。通常情况下,我们应该选择旋律优美、和谐悦耳的乐曲来听,但乐曲的种类要多样化,不能只听一首曲子。在听的时候,要注意体会音乐的内涵,要学会欣赏音乐。此外,听音乐的时间不宜过长,以免过度沉醉。

文学作品虽然是经过艺术加工的,不能同现实生活中的真人真事等同而论,但其精神内容却是十分丰富的,对于现实中的人也同样具有鼓舞和启发的作用。尤其是文学作品中树立的那些伟大的文学形象,他们是真善美的化身,具有非常高的精神境界。通过拜读这样的作品,体会人物的内心世界,对于提高自己的精神层次是很有益处的。但在选择文学作品的时候一定要慎重,并不是所有的文学作品都可以陶冶精神,应该选择那些有丰富思想、有深刻内涵、有典型人物,能够唤起你共鸣、让你感触颇深的文学作品。

冥想,即是把心思全部集中于当下,使人对外界的一切活动意识全部停止,达到一种暂时的"忘我境界"。冥想是宗教里面的一种修心行为,同时又是一种意境艺术,它可以使人完全沉浸在自己的呼吸和意识之中,抛开纷杂的万事万物,追寻心灵的平衡点,感受生命的瞬息变化。冥想可以帮助我们收回似乎是与生俱来的不断跳跃的思绪,使我们集中精神,还可以使我们从烦恼的现实生活中或是即将发生的问题中暂时解脱出来。

冥想的方式有很多种，你可以随意选择一种能够让自己最舒服的方式。比如你可以选择静坐的姿势，然后放松全身，将自己的注意力全部集中在自己的呼吸或者某一个令人愉悦的影像上；如果你觉得这样做不能使你的精神完全集中，你也可以选择利用一段经文或者是祷告词来集中精神。至于姿势，我们并不需要那么严格，只要自己舒服就好。阿布兰森博士说："对一些人而言，静坐能带他们进入一种鲜少体验过的状态，这对他们是很好的。它显示出我们平时烦躁不安，缺乏宁静的感觉。"

大自然是很美的，置身其中，你会觉得自己很渺小，自己所遭遇的不幸又是那么微不足道，任何烦恼都可以在刹那间化为乌有，你会觉得心情豁然开朗，所有的心结都可以在此刻一一解开。欣赏大自然的美景，无论是雨后的彩虹、海边的日出还是黄昏的晚霞，都会让人心旷神怡，你会为大自然的创造力所折服，你会为这些美丽的景致所陶醉，你会忽然间感到原来生活还可以这样美好，这将使你更加热爱这个世界，更加热爱生活，更加积极、乐观地去面对所有的人生坎坷。走进大自然，你更容易体会到人生的真谛。

瓦尔波博士强调，大自然无处不在，壮丽的景色、路边的风光以及窗前的盆栽，都是大自然的一角。我们可以在家里种植些花草，在卧室内挂上一幅风景画，也可以养两只鸟或几条鱼，这些都可以让我们随时感受到大自然的存在。在办公室里，可以在办公桌上摆放一盆简单的盆栽，将电脑的桌面和屏幕保护程序都设成自然风景的图片，这也将有助于缓解压力和疲劳。不要总是憋在室内，多到外面走走，白天可以出来晒晒太阳，晚上吃过饭，也可以出去散散步，这不仅有利于陶冶精神，而且对于促进身体的健康也是非常有益的。

强化自我教育

没有自我教育就没有真正的教育。这样一个信念在我们的教师集体的创造性劳动中起着重大的作用。

——苏霍姆林斯基

自我教育是社会教育的主要形式，也是在心智方面进行自我更新的主要方法。大多数人在走出校园之后就不再接受教育，可是社会的发展并没有因为你走出校园而停止，相反，刚刚步入社会的大学生，往往面临着更多的挑战。学校里学到的知识在工作中未必会用到，理论上行得通的在实践过程中也未必行得通，所以我们必须通过向其他人学习或自己学习来提高自己的专业技能。只有这样，我们才能在自己的工作岗位上站稳脚跟，才会有进一步发展的基础。

我们在前面就已经提到了学习是一个终身性的行为,时刻都不能停止。只有让自己的心智得到不断的更新,你才能在激烈的竞争中立于不败之地。其实,更新心智的过程就是一个让人的心理不断成熟、智能不断提高的过程,而这样的过程只能依靠教育来实现。工作以后,外来教育的机会比较少,当然,很多公司都有定期的培训,你也可以选择参加一些夜校来接受教育,但总的来说,自我教育还是占主导地位的。

自我教育的方式有很多种,你可以选择最适合自己的方式来进行。自我教育不外乎从两个方面进行,一方面是磨炼自己的心理,一方面是提高自己的智能。在进行自我教育的时候,你应该两者兼顾,千万不要偏废了其中任何一个方面,使自己的心智得到全面的更新。如果你现在还不知道该如何进行自我教育,那么下面的方法可能会给你一些启示。

读书;

关注时事新闻及社会的发展变化;

参与社会实践;

写作。

读书被普遍认为是进行自我教育的有效方式,通过读书,我们的知识不断增长,懂得的道理越来越多,我们的智慧自然也就有所提高,而且心态也会越来越平和,看待事物也能够更加客观、更加冷静。所以说,读书,无论对于磨炼心理还是提高智能,都称得上是切实可行的有效方式。需要注意的是，读书虽然有利于心智的更新，但前提是你所读的书必须是有益的。要知道，并不是所有的书都具有积极的意义，有些书读了之后反倒会让你的心理更加脆弱，这样的书是碰不得的。一般来说，选择历史、名人传记、文学名著等图书是比较合适的。

我们生活在一个瞬间万变的社会，要让自己生活得更好，就必须跟得上时代的步伐，及时了解社会的新变化。这就要求我们要不断更新自己的知识和观念，以最快的速度接受新事物。所以，我们必须关注时事新闻和社会的发展变化。你可以通过报纸和电视来了解时事新闻，通过权威性的杂志或电视栏目来了解社会的发展和变化。养成每天读报的习惯，报纸上的内容虽然未必是你经历过的，但是却可以反映其他人的生活，这些生动的事例对于你来说同样是一笔宝贵的财富，至少可以引发你的思考。此外，要定期收看权威性较高的电视节目，这对于拓展你的知识面及挖掘你的思维深度都是非常有帮助的。

任何理论都要应用到实践中才能发挥其作用，在实践中提高自己也是最容易成功的自我更新方式。所以，我们应该多参加社会活动，通过亲身实践，你的感触会更深，你的更新速度也会更快。此外，参加社会活动还有一个最大的好处，就是可以和其他人共同提高。在相互的交流和鼓励之中，你们都不会轻易放弃，而且会积极主动地提高自己，这也是在实践中提高速度比较快的原因之一。社会活动有很多，你不可能有精力参加所有的社会活动，你必须择优而取，选择一个或两个能够给你带来益处的社会活动长期参与，这要比你同时参加很多种社会活动要好得多。

写作也是提高心智成熟度的有效方法，因为在写作的过程中，你需要认真思考、理清思路，然后用概括性的语言将你的思想观点表达出来，这对于提高你的思考能力和分析总结能力都是非常有帮助的。通过写作，你的头脑会更清楚、更客观，也更冷静，你的心智自然也就会越来越成熟。有些人觉得自己的文采不好，于是就不想写作。其实，对于一般人来说，写作不过是为了提高你的思考和分析、总结能力，与文采无关。而且你写的东西也不需要拿给别人看，又有什么好担心的呢？我们都应该养成写作的好习惯，不管你写得如何，你的心智都得到了锻炼。

上面的几种方法是比较普遍的方法，如果你还没有什么好方法，不妨试一试。需要注意的是，你千万别把时间浪费在看电视、打游戏等无聊的事情上。当然，这并不是说你不能看电视也不能打游戏，关键是要有节制，不能把太多的时间浪费在这些事情上。娱乐虽然必不可少，但如果娱乐过多那就得不偿失了。要让自己的心智更成熟，就千万不能停止自我教育。

历练你的人际能力

在我看来，生活并不是短暂的烛光。它是一支辉煌的火炬，我不仅现在举着它，而且要在传给后人之前，让它尽可能燃烧得更明亮些。

——萧伯纳

历练人际能力就是要历练你与人相处的社会交往能力，这是在社会交往方面进行自我更新的主要途径。人是社会的重要组成元素，我们每天都要与人打交道，只有不断增强自己的社会交往能力，才能与不同的人和谐相处，为自己的发展打下良好的基础。人际关系分为几种，像亲戚关系、朋友关系、同事关系等等。要历练自己的人际能力，就必须学会与不同的交往对象和睦相处。只有做到在所有的人际关系中都游刃有余，才能称之为人际能力突出的人，而要成为这样的人，就只能通过不断历练自己的人际能力来实现。

你与交往对象的关系不同，交往方式也应该是不同的。也就是说，该如何与身边的人相处，与对方和你的关系是有着密切关系的。比如你可以诚实地指出朋友的缺点，并告诉他有什么不足，但是你能这样对你的上司吗？这并不是世故的问题，而是礼貌与尊重的问题。对自己的上司，我们都应该保持尊重和礼貌，即使对方确实有不对的地方，也要以委婉的方式表达。再比如，你可以随意向你的父母撒娇，但是你能胡乱对其他的异性撒娇吗？这显然是不可能的。所以说，我们必须把握好与不同交往对象的交往尺度和交往原则，这样才能与所有人都建立良好的关系。

虽然说与不同的交往对象交往都应该有各自的尺度和原则，但是却并没有一个统一的标准来规定你与某一类对象交往时就应该是什么样的，因为除了你与对方的关系之外，对方的性格和行为方式也是影响你们交往质量的重要因素。比如同样都是你的朋友，一个性格内向，一个性格外向，你与他们的交往方式就不能完全相同。与性格外向的朋友交往可以更随意一些，一起去打球、旅游等都可以增进你们的感情；与性格内向的朋友交往则要更小心一些，不要让自己随意的言行伤害了对方，倾听对方的心声以及向对方袒露心事可以让对方更信任你，让你们之间的感情更近一步。

你的交往对象	你如何与他们交往	你们相处得怎么样
你自己		
你的父母		
你的孩子		
你的朋友		
你的同事		
你的上司		
身边的异性		

填写上面的表格，了解你目前的人际关系。通过对你们相处情况的客观评价，你就可以了解自己目前与对方交往的这种方式

是否合适。如果合适，还有没有办法与对方相处得更好；如果不合适，究竟是哪个地方不合适，该如何改正才能让不合适变成合适。找到这些问题的答案，你与其他人的关系就会越来越融洽，你的人际交往能力自然也就得到了提高。

与不同的人交往，虽然在交往方式上会有细微的差别，但是在总的原则上却是有规律可循的。不管与什么人交往，你都必须遵循一些基本的原则，总的来说，主要有以下 5 个基本的交往原则。

真诚的原则；

守信的原则；

平等待人的原则；

自尊自爱的原则；

谦虚的原则。

真诚和守信在前面的章节中已经做了详细的介绍，这里不再赘述。

平等待人即是指对所有人都一视同仁，不因高贵而谄媚，也不因贫贱而轻视。我们应该清楚，人没有高低贵贱，也不分三六九等，只是社会分工的不同，才有了贫富的差距和职位的高低。但是我们每个人都是在为社会作贡献，虽然所扮演的社会角色是不同的，但实质是一样的。每个岗位都需要有人去做，少了谁都是不行的。我们平等待人，这样才能赢得他人的尊重，让自己的人际关系越来越好。

自尊自爱是指在任何情况下都能保持自己的原则，不会为利益所驱使。尊严是一个人在任何情况下都不可丢失的东西，如果你为了谋求一己私利而丧失了尊严，那就会让别人看不起你，当然也就不会愿意和你交往。

谦虚是中华民族的传统美德，在处理分歧上也是一剂良方。当别人的观点与我们不一致时，一定要虚心听取别人的意见，不要盛气凌人，自以为是。我们可以发表我们的看法，但是却不能把我们的看法强加给别人，不要认为自己总是对的，对于别人的正确观点，也要虚心接受。如果到最后实在达不成共识，那就求同存异吧！而且你也可以寻找第三条路，达到相对意义上的两全其美。

帮助他人成长

以一个人的现有表象期许之，他不会有所长进。以潜能与应有的成就期许之，他就会不负所望。

——歌德

在你不断进行自我更新的同时，你也应该尽自己所能去帮助他人成长，这是一件非常有意义的事。帮助他人其实也是提高自我的一个过程。我们都有过这样的经历：当我们为其他人讲解一道数学题的时候，我们对这道题的理解就又进了一层。而且看到别人因为我们的帮助而成长起来，你会有一种自豪感和成就感。所以，不要把帮助别人视为自己的负担，这样做只会带给你更多的快乐，让你提高得更快。

如果你总是想帮助别人成长起来是对自己的威胁，那就太不应该了。如果你已经进行了前面人际关系部分的训练，那就应该很容易接受这样的观点。如果你帮助对方成长起来，那么你所赢得的不仅仅是对方的友谊，你还同时赢得了一个很好的合作伙伴，因为你们可以进行更多、更有效的沟通，这对于你来说也是非常重要的。那么，如何帮助他人成长起来呢？你必须做到以下几点。

让自己尽快成长起来；

将自己的经验与对方分享；

充分信任对方；

积极地肯定对方；

对对方表示出一定的期望。

要帮助他人成长，首先你应该让自己成长起来，否则即使你想帮助对方，恐怕也会心有余而力不足的。如果你是一个各方面都比较优秀的人，那么你的话就很有说服力。当然，这里所说的优秀并不是一定要取得多大的成就，它指的是人的成熟、睿智、健康和健谈，也就是能从各个方面不断进行有效的自我更新。帮助别人并不需要条件，任何人都可以尽自己的力量去帮助别人，但真正帮助别人成长起来却并不是每个人都能做到的事。所以，我们在帮助别人成长之前，应该首先让自己成长起来，这样才能更有效地去帮助别人。

在你决定帮助他人成长之后，就要毫无保留地将自己的成长经历与对方分享。将自己的经验告诉对方，可以让他在成长的过程中少走弯路，至少不会再走你曾经走过的弯路，而且你的成功经验也许对他同样管用，那么他就可以借助你的经验而迅速成长起来。

在帮助他人成长的过程中，你必须充分信任对方，这样你的帮助才不会半途而废，才会取得成效。如果你相信对方一定可以成长起来，那么你就不会轻言放弃，即使在遇到困难的时候，你也不会萌生退意。此外，当你的帮助不起作用时，你也会积极寻找其他的方法。在你的积极努力下，如果对方再足够配合，那么就没有办不到的事。相信过不了多久，对方就会在自己的努力和你的帮助下成长起来。

除了充分信任对方之外，你还必须要学会给予对方积极的肯定。每个人都有怀疑自己的时候，这时如果他听到的是反对的声音，那么他就会开始否定自己；如果他听到的是疑虑的声音，那么他就会更加怀疑自己；如果他听到的是肯定的声音，那么他就会开始肯定自己。每个人的生命中都需要有人在适当的时候出来肯定自己，使自己重新获得力量和信心。要帮助他人成长，你就必须充当这样的角色，在对方充满疑虑的时候肯定对方。如果你能有效地祛除对方的疑虑，那么你就对其产生了积极的影响，要知道，他的一生都可能因此而发生改变。

另外，你还应该向对方表示你对他的期望。有些人自甘堕落并不是因为其本身不思进取，而是因为身边的人都对他不抱什么希望，这让他们觉得自己的努力毫无价值，所以他们就放弃了努力。也有些人虽然处在弯路之中，但他们却并非不可救药，只是大家都认为他们就应该是这样的，所以他们自己就放弃了改变。如果你能表示出对他们的期望，让他们知道他们可以活得不一样，他们的努力同样有人认可，有人期待，那么他们就会愿意向那个好的方向发展。所以，在帮助他人成长的时候，千万别忘了告诉他你对他的美好期望。